ART
D'ÉLEVER
LES LAPINS.

IMPRIMERIE DE A. HENRY,
RUE GIT-LE-COEUR, N° 8.

ART

D'ÉLEVER

LES LAPINS,

ET

D'EN TIRER UN GRAND PROFIT,

PAR M. RÉDARÈS.

PARIS,

AUDOT, ÉDITEUR,

RUE DES MAÇONS-SORBONNE, N° 11.

1828.

IMPRIMERIE DE A. HENRY,
RUE GÎT-LE-CŒUR, N° 8.

ART

D'ÉLEVER

LES LAPINS.

CHAPITRE PREMIER.

—

DE L'AVANTAGE D'AVOIR DES LAPINS.

A propos de lapins, convenons que l'homme est, de tous les animaux, celui qui est le plus variable dans ses goûts. Depuis l'historien Strabon, qui a dit un mot du lapin, jusqu'au naturaliste Desmarest, qui en parle savamment, les architectes de tous les siècles se sont creusé le cerveau pour varier la forme de nos demeures. Les tailleurs de toutes les générations n'ont jamais eu ni le génie assez actif, ni les doigts assez lestes pour satisfaire aux caprices fugitifs de la mode; tout change du soir au matin dans ce qui est de création humaine; et les lapins, comme tous les animaux indépendans, ont toujours le même pelage et les même terriers.

On dit que ces inconstances sont le fruit de notre perfectionnement; que la raison veut que nous échangions ce qui est bon pour ce qui est meilleur; que cette rotation continuelle de notre âme dans le domaine des sensations est le type de notre excellence. Il est possible que tout cela soit comme on le dit; mais, en attendant, nous recherchons les lapins, et les lapins ne nous recherchent pas; nous empruntons à tous les animaux, et les animaux ne nous empruntent rien; nous avons besoin de toute la nature, et la nature n'a pas besoin de nous; en poursuivant une pareille argumentation, on voit que je pourrais aller un peu loin, et prouver peut-être un peu trop. Mais je m'arrête au point si long-tems et si inutilement débattu par les moralistes; du reste, mes intentions ne sont point de chercher dispute à la nature humaine; en jetant les yeux sur les siècles et sur les générations. j'ai vu que le goût des nations et des hommes était passager, et j'ai voulu montrer que, soit dans le physique, soit dans le moral, il n'a pas des principes si bien établis que l'on veut nous le faire croire.

Pour ce qui est des lapins, personne que je sache n'a méconnu la grande propriété qu'ils ont d'être bons à manger; et, en cela, notre goût s'accorde parfaitement avec les renards et les chats, qui, parmi les animaux, passent pour les plus gourmets et les plus friands.

Mais on n'est pas si généralement d'accord sur la manière de les présenter; dans leur grand appareil gastronomique, les uns les veulent tout simplement rôtis, les autres exigent qu'ils soient couverts de champignons et de navets. Enfin, il en est quelques-uns qui jouissent de les voir noyés dans une sauce vineuse que rehaussent le poivre, les câpres et le serpolet; et on ne conçoit pas combien ces différences dans les modes de la cuisine causent de disputes et de troubles. Souvent une femme boude à côté d'un lapin mis en sauce malgré elle; quelquefois un mari quitte la table à l'aspect d'un lapin qu'on a fait rôtir sans son avis. Les opinions gastronomiques ne sont pas faciles à concilier, par la raison qu'elles tiennent souvent, comme les opinions religieuses, à un principe de fanatisme. ou à des préjugés de naissance. Tel aime le lapin en civet, par l'habitude qu'il a d'en manger, ou parce qu'on lui a fait croire que c'était un mets délicieux : et voilà ce que l'on appelle le goût!

La cuisine a suivi la marche des progrès de l'esprit humain, et elle en a subi toutes les révolutions; les premiers hommes mangèrent des herbes crues : ceux qui vinrent après les firent cuire; enfin, du rôti, on en vint au bouilli, et, de la table champêtre des patriarches, à celles des Lucullus et des Galba; ce qui n'était rien dans le principe devint un art fameux, et maintenant l'art de la cuisine est si compliqué, et, j'ose dire, si métaphysique, que l'on peut, en suivant le système des opinions probables, soutenir le pour et le contre sur les mets les plus délicats; car il y a des docteurs de toutes les nuances, sur tout ce qui tient au grand art de donner à dîner. Je voudrais bien pouvoir m'étendre davantage sur un sujet si agréable, et raconter quelques historiettes sur les voluptueuses bombances de ces hommes à chapelet, qui, voyant depuis quarante ans leurs basses-cours dispersées, et leurs réfectoires démolis, profitent d'un moment de faiblesse pour réunir leur volaille fugitive, et reconstruire des lieux si chéris, pour les peupler de toutes les richesses gastronomiques, afin de faire prendre à leurs estomacs leurs féodales habitudes. Mais je ne dois pas oublier mes lapins; d'accord avec tout le monde sur ce que ces animaux sont bons à manger, je voudrais montrer qu'ils sont avantageux dans un ménage. En style d'économiste, j'entends par avantageux ce qui produit un revenu sûr et facile; or, les lapins se multiplient prodigieusement : on peut les manger à trois mois; ils sont faciles à nourrir; ils mangent la plupart des herbes potagères, et presque toutes celles des champs non vénéneuses; le foin, l'avoine, toutes les graminées, la carotte, les betteraves, le pain, le son, tout leur est bon. Ils sont très-aisés à loger; on les place au besoin dans un tonneau, dans une cage à poulets, dans un grenier. Cependant un local sain, ni froid ni humide, leur est rigoureusement nécessaire. On peut nourrir un lapin pendant trois mois, pour quatre ou cinq sous, et, à cette époque, qui est celle où on peut le vendre ou le manger, sa peau seule vaut plus que la somme avancée : avantage que l'on ne trouve point dans aucun autre animal domestique. Le porc, le mouton, le bœuf, produisent beaucoup plus; mais leur entretien est considérable, en raison de celui du lapin. Cependant, soit chez les fermiers, soit chez les petits agriculteurs, on trouve rarement des lapins; les champs en sont dépeuplés, et ils ne sont communs en France, que dans quelques bois, où on les élève comme objet de luxe, et pour le plaisir de la chasse.

On dit que les lapins rongent les écorces des arbres, coupent le blé en épis, et font beaucoup de dégât. Bose est un de ceux qui n'en veulent que dans les clapiers et dans les garennes closes, et qui les signalent comme de grands destructeurs; et Rosier n'en veut nulle part. Je crois que ces écrivains ont un peu exagéré le mal que ces animaux sont susceptibles de faire. Sous l'ancien régime, lorsque le luxe seigneurial laissait multiplier dans les forêts les gibiers de toutes les espèces, et que, sans égard pour le droit de propriété, on souffrait qu'ils allassent moissonner le modique revenu des paysans, on ne se plaignait pas des lapins, et alors ils étaient mille fois plus communs. Sans doute tous les animaux rongeurs causent des dégâts lorsqu'ils sont en nombre; et, quel que soit le peu de cas que je fasse du dommage que peuvent faire les lapins, je ne conseillerais pas de les multiplier autour des fermes et des hameaux; mais, après cette précaution, que j'indique comme un acte de prudence, on me permettra de dire que c'est à tort que l'on désire d'exterminer la race sauvage, dans l'idée qu'elle détruit toute la végétation. Nous ne sommes plus au tems où les habitans des îles Baléares envoyaient des ambassadeurs aux Romains pour leur demander des soldats, pour les aider à combattre les lapins dont leur pays était infesté. L'industrie humaine a déjà créé tout ce qui est nécessaire pour soumettre à ses volontés toutes les espèces vivantes, et les craintes deviennent puériles l'orsqu'elles ne sont point fondées sur la raison.

Je crois donc qu'on pourrait laisser les lapins se multiplier dans les champs, surtout dans les pays boisés, sur les friches, sur les lieux secs et élevés; là, leurs dégâts seraient inaperçus, et leurs avantages seraient considérables; car ils deviendraient gras et plus délicats à manger; de plus, leur pelage prendrait un plus beau lustre. Il serait à désirer que les grands propriétaires voulussent établir des garennes dans des coins de leurs domaines, favorables à la nourriture des lapins et à leurs habitudes, tel qu'au milieu de bois taillis, ou sur quelques éminences; ils en retireraient de nombreux profits, et ils multiplieraient les ressources du commerce important de la chapellerie. Annuellement il se consomme en France pour quinze ou vingt millions de peaux de lapins, dont la moitié est fournie par l'étranger; et comme il est aisé de voir, on pourrait se la procurer sur son propre terrain. Les Anglais, justes appréciateurs des produits industriels et territoriaux, ne sont point si indifférens que nous sur l'éducation des lapins. D'après le rapport de Sonnini, un de leurs plus célèbres écrivains a calculé qu'une garenne de dix-huit cents acres de terrain, rapporte jusqu'à trois cents livres sterlings (ou sept mille deux cents fr.), tandis qu'ils ne produiraient que vingt-quatre sous par acre. Aussi, les grands propriétaires anglais se font un riche revenu de leurs garennes. Une garenne du comté d'Yorck peut fournir douze cents lapins dans une nuit. L'évêque de Derry, en Irlande, tire de la sienne douze mille peaux de lapins par an. L'auteur que je cite, dit que les peaux de lapins se vendent en Angleterre, prix moyen, un schelling la pièce ; que la douzaine de peaux de lapins tués en hiver se vend de 6 à 7 francs en poil gris commun ; de 7 à 8 francs en poil blanc ou noir, et 24 francs en poil argenté.

Les lapins sauvages appartiennent à celui sur la propriété duquel ils se trouvent, et tout propriétaire a droit de tuer ceux qu'il rencontre sur son terrain. Quoique ces animaux soient sujets à des excursions qui souvent leur sont funestes, soit qu'ils trouvent la mort dans un collet placé dans un sillon ou sur un étroit passage, soit autrement, ils sont le plus souvent le partage des chasseurs habitués ou des grands propriétaires ; mais ils ont des qualités qui les font rechercher de tout le monde, voilà pourquoi la vente en est facile; les lapins sauvages valent, dans la bonne saison, de trente à cinquante sous la pièce, selon l'âge et la grosseur; leur peau est plus estimée que celle des lapins domestiques; le poil en est plus fin et plus luisant, et la saison de l'hiver est la plus favorable à la finesse et à la beauté du pelage; les marchands de peaux de lapins donnent des peaux d'hiver un quart de plus que de celles d'été, et ils y trouvent encore du profit. Indépendamment de la supériorité de leur peau, les lapins sauvages ont l'avantage d'avoir une chair tendre et délicate et un fumet plus agréable.

Cette préférence que l'on donne à la chair du lapin sauvage, quoique peu contestée, est encore une affaire de goût, car l'une et l'autre de ces espèces de lapins lorsqu'ils sont jeunes, sont tendres, savoureux et délicats, beaucoup de gastronomes ont pu même se méprendre sur leur origine ; mais avec quelque habitude et une délicatesse dans l'odorat et dans le goût, on distingue pourtant le lapin sauvage du domestique.

La défaveur jetée sur le lapin domestique date de loin; sous le règne d'Henri IV, le savant Olivier de Serre s'exprimait ainsi sur leur compte : « Les » meilleurs sont ceux qui vivent en » toute liberté dans les forêts et buis- » sons agrestes de la campagne : car » par se choisir, vivre à leur appétit et » courrir à volonté, se rendent au » manger délicats et sains; les pires sont » ceux de clapiers qu'on nourrit en » estroicte servitude dans la maison et » en quelque recoin de la basse-cour. » Nos gastronomes ont toujours attaché un certain mérite à savoir apprécier au fumet un lapin sauvage dans quelque sauce qu'il soit noyé. Du tems de Boileau, c'était une ignorance du mauvais ton que celle de ne savoir pas distinguer les lapins; le poète, en parlant de l'un de ces campagnards, grands lecteurs de romans, disait :

Je riais de le voir, avec sa mine étique,
Son rabat jadis blanc, et sa perruque antique,
En lapins de garenne ériger nos clapiers.

Toutefois si les lapins sauvages sont le partage du petit nombre, les lapins domestiques sont celui de tous. Chacun peut en élever à peu de frais et s'attendre à les voir prospérer, si on leur prête les soins que leurs besoins exigent.

L'avantage d'élever des lapins, tant sous le rapport de la commodité dans le ménage, que sous celui de l'économie, est si évident qu'il ne peut être révoqué en doute; les lapins sont moins friands que les chats, moins voraces que les chiens qui ne rapportent rien à la maison; ce sont les animaux domestiques les plus sobres et les plus faciles à contenter; on n'a qu'à sortir devant la porte de son hameau; ou parcourir un instant les allées de son jardin pour leur trouver de quoi vivre; ils mangent les épluchures de vos légumes, les gousses de pois, les raclures de navets, les pelures de tous les fruits, etc., etc. Un mâle et deux femelles vont faire par an soixante petits lapereaux qui, après six mois, seront à leur tour propres à la propagation, et qui dans peu vous donneront une nombreuse famille; or, dans un ménage, plus on multiplie les ressources gastronomiques, plus il y a économie, aisance et bonheur.

La boucherie est trop loin, on tue un lapin; la viande est trop chère, on tue un lapin ; un ami vous arrive, on tue un lapin ; monsieur le curé vient-il vous demander à dîner, on tue un lapin; le jour du patron du village, le jour de la fête du mari ou de la femme, on tue un lapin ; enfin le noble animal peut se présenter partout et à toute occasion honorablement et ce qui est divin économiquement ; car, avec quelques oignons, on le met en sauce ; il figure très-bien étant rôti, et lorsqu'on veut lui donner le fumet du lapin de garenne, on n'a qu'à placer dans son large ventre, un petit paquet de thym ou de serpolet, et la métamorphose est complète. Il serait trop long de rappeler ici tous les avantages d'avoir un bon clapier, mais quand ce ne serait que celui de nous faire de nombreux amis et de voir accourir à l'odeur de votre cuisine, auteurs, peintres, comédiens et toute cette classe de joyeux parasites qui ne sont jamais plus contens que lorsqu'ils mangent, il faudrait avoir des lapins; le lapin est un des articles de cuisine qui a la plus grande force attractive. Quel est le gastronome un peu amateur qui ne fera pas deux mille cinq cents toises de chemin pour aller attaquer la tête ou le croupion d'un jeune lapereau? Quel est celui qui, à l'aspect d'un lapin immolé à son honneur ne se sent pas les entrailles émues et le système nerveux agréablement chatouillé? Quand je pense que, pour quatre à cinq sous, on peut contenter ses amis, ses parens, je m'étonne de l'indifférence avec laquelle les gens de la campagne considèrent l'éducation du lapin. Pour moi qui crois que l'économie est la mère de l'abondance, qu'il n'y a rien de plus agréable que de faire manger de bonnes choses à peu de frais, et de faire de la magnificence avec des coquilles de noix, je dis que partout, excepté dans les grandes villes, le clapier est un puits de ressource qui ne tarit jamais, et qui, à votre gré, reflue l'abondance et le plaisir; ce modeste logement ne coûte pas autant qu'une bergerie, ni même qu'une loge à porc, et rapporte beaucoup plus; tout ce qui en sort est profit, ce que l'on ne peut pas dire des divers produits d'une basse-cour.

C'est plein de cette idée que je me suis chargé d'écrire sur l'éducation des lapins, et j'espère m'en tirer avec les secours des naturalistes, des agronomes, des historiens qui, depuis Pline jusqu'à nos jours, ont parlé de cet animal.

Les lapins domestiques sont une conquête de l'agriculture et de l'industrie du moyen âge; les anciens ne s'occupèrent pas à civiliser le lapin; d'abord ils n'en pouvaient pas présumer les avantages; ensuite ces animaux n'étaient communs que dans quelques contrées du globe. Il ne faut point douter qu'à l'époque où le luxe de la table faisait les délices des riches citoyens romains, si on eût connu le prix d'un bon lapin, on ne se fût hâté d'élever partout des garennes et des clapiers. Mais, que dis-je, les riches d'alors faisaient comme ceux d'aujourd'hui : lorsqu'ils voulaient manger des lapins, ils les achetaient fort cher, et lorsque les marchés de Rome en étaient dépourvus, ils en envoyaient chercher en Afrique; mais le pauvre villageois n'en goûtait pas, il se contentait, comme dit Virgile, de son lait et de ses châtaignes. Depuis lors les choses sont bien changées : non-seulement le modeste habitant des campagnes mange des lapins, mais il déjeune par fois avec une cuisse de lièvre ou une aile de faisan. Il faut bien que la gourmandise attaque toutes les classes de la société, puisque c'est un vice qu'elle porte dans son sein; mais comme c'est un vice agréable et que les écarfs de notre estomac nous coûtent beaucoup si nous ne dirigeons ses appétits avec économie, j'ai cru faire quelque chose d'utile d'apprendre comment on élève des lapins lorsqu'on veut les manger à bon marché.

CHAPITRE II.

HISTOIRE, MOEURS ET HABITUDES DU LAPIN.

Les naturalistes ont placé le lapin dans le genre des lièvres, avec lesquels, dit-on, il a, dans la conformation du corps, autant de rapports que l'âne avec le cheval : ils en ont fait une espèce particulière divisée en plusieurs races dont les principales sont le lapin riche, le lapin angora et le lapin gris cendré. Cet animal a le poil, les formes extérieures et les dispositions anatomiques à peu près pareilles à celles du lièvre, mais il en diffère entièrement par les mœurs et les habitudes; il est moins gros, moins léger, moins robuste; il a plus d'embonpoint; il est plus sensible au froid, et il supporte mieux la chaleur; tout forcés qu'ils le sont de paître dans les mêmes champs et de brouter les mêmes herbes, malgré leur air de famille et la frappante analogie qui les distingue, les lapins et les lièvres ont les uns pour les autres une antipathie naturelle qui les éloigne de tout commerce familier; ils ne cohabitent pas ensemble, et malgré leur tempérament ardent, leur réunion dans la même enceinte n'a d'autre résultat que celui d'une guerre éternelle qui toujours finit par la mort du plus faible. Ce que rapporte le baron de Gleichen sur les accouplemens des lapins et des lièvres, et sur les métis qui en proviennent, doit être révoqué en doute; s'il était vrai que dans le canton de Hochin, dans la Prusse polonaise, les alliages de ces animaux fussent communs, de pareils exemples, comme l'observe très-judicieusement Sonnini, devraient se reproduire, et l'on n'en trouve nulle part. D'ailleurs, une foule d'expériences viennent corroborer le sentiment de Buffon et celui des naturalistes qui, comme lui, ont pensé que, quand même la force du tempérament produirait entre un lièvre et un lapin une conjonction intime, les résultats seraient stériles.

Le lapin est un petit mammifère rongeur que l'on trouve dans les garennes, dans les bois, dans les haies et quelquefois au milieu des plaines, et dont le pelage est couvert d'un poil doux et brillant, mélangé de couleur fauve, noire et cendrée, qui sont les couleurs ordinaires des lapins et des lièvres. Toutes ces nuances de couleurs viennent en plus ou en moins par suite des générations, et plus spécialement dans les lapins domestiques, qui offrent des variétés blanches, noires, tigrées, etc. Les proportions des couleurs dans le pelage des lapins sont, d'après Sonnini, ainsi disposées : la nuque rousse; la gorge et le ventre blanchâtre, de même que le dessous de la queue, dont le dessus est brun; les oreilles sont grises, sans noir; le dessous des pieds couvert de poils roux : les poils les plus longs et les plus fermes sont, dans les lapins sauvages, en partie noirs et en partie de couleur cendrée ; le duvet est aussi de cette même couleur, et fauve aux extrémités.

Le lapin a, comme le lièvre, les lèvres fendues jusqu'aux narines, les oreilles allongées, les jambes de derrière plus longues que celles de devant, la queue courte; la prunelle des yeux est ronde et noire, elle se grossit dans l'obscurité et se rapetisse au soleil. Leur iris est d'un brun jaunâtre ; les pieds de devant sont plus forts, et les ongles plus longs et plus aigus que ceux du lièvre.

Le lapin domestique est plus gros ; la variété blanche a la prunelle d'un rouge foncé et le bord des paupières à peu près semblable ; mais toutes ces espèces de lapins ont un poil roux sous la plante des pieds.

On ne connaît point la patrie des lapins ; on les dit originaires des pays chauds. Quelques écrivains assurent qu'ils sont indigènes de l'Afrique. S'il faut s'en rapporter à Varron et à Pline, il paraîtrait que, de leur tems, l'Espagne et la Grèce étaient les seules contrées de l'Europe où les lapins fussent connus. Il est certain du moins qu'ils y étaient très-communs, puisque ces écrivains rapportent qu'une ville d'Espagne (*) fut détruite par le nombre des lapins qui s'étaient logés dans ses fondemens. Dans le cas que leur naturalisation, en Europe et dans les autres parties du monde, ne date que de cette époque, elle a dû être très-rapide et leur multiplication plus rapide encore, car on trouve maintenant des lapins par tout pays, et dans certains endroits leur nombre est considérable. La force des climats, les températures extrêmes ne les empêchent pas de se propager dans le nord comme dans le midi. Cependant on doit avouer que, dans les contrées extrêmement froides, telles que la Sibérie, la Suède, le Danemark, ces animaux ne sauraient vivre en plein champ; on les

---

(*) Taragonne.

élève dans l'intérieur des maisons. Sonnini observe pourtant que les dunes du Danemarck sont couvertes de lapins.

Ce qui porte à croire que les lapins sont originaires des endroits chauds, ce sont leurs habitudes, leurs mœurs retirées, leur sociabilité à peu près sauvage, et tous ces défauts d'une nature inactive qui semblent être le type ou plutôt le caractère distinctif des animaux (sans en excepter l'homme) qui naissent sous les régions brûlantes de l'équateur.

Les lapins se creusent, dans la terre, une habitation avec une rapidité incroyable. Les terriers ou la demeure de ces animaux ressemblent, en petit, à une vaste maison percée par de longs corridors, qui aboutissent tous à de petits appartemens ou plutôt à des trous un peu plus larges et plus unis que ces sentiers souterrains. C'est là que cette race paresseuse reste ensevelie dans le sommeil les deux tiers de la journée, dans une insouciance que ses seuls appétits font disparaître; timides, lâches et paresseux comme les esclaves, ils renonceraient à voir la lumière si des besoins pressans ne les forçaient de sortir ; réguliers dans leur manger, ils vont paître le matin et le soir ; mais délicats et voluptueux, ils aiment les beaux jours, et ils ont le soin de ne sortir le matin qu'après que la rosée est dissipée, et le soir lorsque les feux du soleil sont amortis sur la terre (*). Le tems qu'ils passent à paître est un tems d'inquiétude et de soucis ; on dirait, à les voir épier de toutes parts, prêter l'oreille et se reposer à tout moment sur leur train de derrière, qu'ils méditent quelques projets criminels. On dit que c'est le sentiment de leur faiblesse qui les rend soupçonneux et craintifs ; mais comme leur faiblesse a pour cause le mécanisme ou plutôt l'organisation physique de l'individu, j'aime mieux croire que la timidité et la crainte des lapins, sont des vices de nature qui dérivent de leur propre constitution : la preuve en est que toujours, à côté du

---

(*) Je parle ici en général, car dans les beaux jours, et surtout dans les endroits ombragés, les lapins sortent à toute heure et relèvent plusieurs fois dans la journée, mais quand il fait chaud et que le soleil frappe sur leur terrier, ils restent à dormir.

mal, la nature a le soin de placer le remède, et jamais on ne voit un vice d'intelligence, sans une qualité qui en corrige le désordre. (*)

Les lapins n'ont point de force, et ils sont sans moyens de défense. La nature a dû établir des moyens compensateurs pour ces inégalités physiques, si nuisibles aux espèces animales, et tout me porte à croire que la défiance et la timidité de ces animaux ne sont que de la prudence, et leurs soucis et leurs inquiétudes un instinct de prévision. D'où vient à ces animaux l'avantage ou plutôt ce sentiment de confraternité qui porte le premier qui voit le péril, à en avertir tout aussitôt ses amis en frappant avec ses pattes à coups précipités contre terre? Pourquoi cette précaution des vieilles femelles, de se tenir en sentinelles et de veiller elles-mêmes au salut du terrier? Sans doute je n'ai pas besoin de l'apprendre aux naturalistes ni aux philosophes, mais il est bon de dire au commun des hommes qui l'ignorent, que la nature n'accorde jamais la vie à un espèce d'être, sans lui donner les moyens de se conserver et

(*) On conçoit que je parle ici des animaux dans l'état sauvage.

et de se reproduire. Les lapins mangent avec beaucoup de rapidité, surtout lorsqu'ils ressentent quelque orage; l'envie de retourner au terrier et la crainte d'être surpris par la plnie, leur font hâter leur repas. Cette voracité instantanée est encore une suite de leur prévoyance. Ils ont l'ouïe très-fine, la vue très-bonne, mais ils n'ont point cet odorat supérieur qui, dans la plupart des animaux, sert en partie à leur faire apprécier les lienx et à mesurer les distances. Aussi les lapins ne s'éloignent pas de leur terrier; ils vont trottant çà et là à l'entrée de leur demeure, et si quelque accident particulier les éloigne un peu trop, ils se trouvent désorientés; alors ils sont faciles à prendre. Tout faibles et tout désarmés qu'ils sont, ils ont une foule d'ennemis cruels qui ne leur font point de quartier; les fouines, les belettes, les renards, les serpens et les chats les recherchent et les dévorent, et ces animaux sont d'autant plus dangereux, que la plupart d'entre eux peuvent pénétrer dans leurs terriers et assouvir à leur gré leurs goûts meurtriers et sanguinaires. Les lapins qui se trouvent tourmentés et poursuivis par de pareils ennemis, n'ont d'autre ressource que de quitter leur asile, de s'aller gîter dans quelques coins de bois ou de se creuser ailleurs un autre terrier; c'est à quoi ils sont le moins disposés.

Ils tiennent avec une force incroyable au lieu qui les a vus naître, et ce sentiment d'estime et de préférence qui, dans l'homme est une vertu, est passée en proverbe; le bon et franc lapin, dit-on, meurt toujours dans son terrier. Lafontaine fait parler ainsi le lapin :

Jean lapin allégua, la coutume et l'usage,
Ce sont leurs lois, dit-il, qui m'ont de ce logis
Rendu maître et seigneur, et qui, de père en fils,
L'ont de Pierre à Simon, puis à moi Jean transmis.

Ce sont là de fort bonnes raisons en faveur du droit de propriété. Mais les chats et les belettes sont comme les usurpateurs et les tyrans; ils ne reconnaissent pour droit que la force et la ruse, et la justice est pour eux l'avantage de satisfaire leurs besoins et leurs goûts. Les lapins, comme tous les animaux, ont une dose d'intelligence relative au mode d'existence qui leur est propre; ils n'aiment pas la pluie, parce qu'elle mouille leur fourrure et entretient long-tems sur eux la fraîcheur, qui nuit à leur santé; c'est pour cela que, dans les tems humides et orageux, ils s'abstiennent de sortir. Ils n'aiment pas le froid qui, en raison de la pétulance de leur tempérament, les fait souffrir et les expose à de graves accidens; voilà pourquoi en hiver et dans les tems rudes, ils se collent les uns contre les autres. Ils ne vont que par sauts et par bonds, et ce mode de courir les rend plus difficiles à prendre et à tirer. Si l'un change de terrier dans l'appréhension d'être surpris, tous les autres le suivent; car, comme l'observe un judicieux écrivain, l'instinct de l'animal ne consiste jamais qu'à imiter; ils ont des ruses que n'ont pas les lièvres; ils ferment quelquefois le trou où ils gîtent, dans la crainte qu'on ne vienne les surprendre: ils quittent rarement leur fort. Il semble qu'ils prévoient leur maladresse et leurs faibles moyens de défense. Parmi les herbes que la terre offre à leur appétit, il en est sans doute un grand nombre qui peuvent servir à leur nourriture; mais, dans les momens d'abondance ils font un choix; ils ne recherchent ni les plus aqueuses, ni les plus sèches, ni les plus aromatiques, mais celles qui ont un suc fort et nourrissant, et dont l'arôme est agréable : les serpolets, les sarriettes, les potentilles, les euphraises, les bétoines, les plantes potagères sont ardemment recherchées par eux.

Quelque attachés qu'ils soient à leur terrier, ils l'abandonnent lorsque quelque cause accidentelle le rend humide ou froid.

On en a vu, surpris par le débordement d'une rivière, grimper, ou plutôt sauter, sur des arbres, et s'y nourrir d'écorce en attendant que les eaux soient retirées.

Dans les cas rares, mais possibles, d'un déplacement lointain, ils vont à petites journées et font de longues pauses, mais ils n'entrent dans aucun terrier étranger, ni dans aucun trou qui leur paraît douteux ; ils préfèrent prendre gîte sous une touffe de chêne taillé, ou dans quelque coin abrité et couvert d'herbe. Toute l'espèce se considère comme une grande famille liée par les mêmes penchans et les mêmes intérêts ; ils sont sans rivalité comme sans envie, excepté en amour.

Un lapin égaré ou dont on a détruit la demeure, peut demander un gîte chez son voisin, qui ne le lui refuse jamais; mais il aime mieux s'en faire un lui-même, surtout lorsqu'il prévoit qu'il ne sera pas seul, ce qui arrive aux femelles au tems de leur portée. La moindre contrariété leur fait quitter la maison maternelle pour aller faire leurs petits dans un autre terrier qu'elles font elles-mêmes. Mais ici leurs intentions spéciales sont de se soustraire aux poursuites du mâle; car lorsque leurs petits sont en état d'aller pâturer, elles retournent à leur premier terrier. Le lapin, avant de faire un terrier, explore les lieux, et, comme un habile géographe, en mesure les espaces et en juge les localités.

Lorsqu'il trouve tout à son gré, il cherche un endroit sec, et s'il est possible un peu en pente, il reste un moment tranquille assis sur son derrière, et la tête immobile et inclinée horizontalement comme quelqu'un qui médite, et après cet instant de réflexion, il se met à l'ouvrage; il trace d'abord avec quelque coups de pattes la circonférence du trou; ensuite il se repose. Mais il recommence bientôt et avec une telle force, que dans une seule journée, il avance son ouvrage de plusieurs pieds de profondeur. Le lapin a le sommeil très-dur, c'est ce qui lui est souvent funeste; car, lorsqu'il s'oublie au gîte, il se laisse pour ainsi dire marcher dessus, c'est ce qu'on voit lorsqu'on se trouve dans les forêts à certaines heures du jour. Le sommeil n'a pas, dans cet animal, des heures régulières, ou plutôt il le surprend à tout instant, du moment qu'il ne travaille pas à se creuser un terrier ou qu'il n'est point au gagnage. Si, comme nous l'avons dit, le lapin mange très-vite, il digère de même; l'appareil digestif opère ses fonctions nutritives avec célérité. Ce qui rend l'animal vorace et toujours prêt à ronger ce qui se trouve sous sa dent. Il peut manger ou ronger du soir au matin, cependant il est assez régulier dans ses repas, qui sont marqués par des intervalles assez longs. Les préférences, ce que nous appelons parmi nous les affections de l'âme, ne sont point inconnues aux lapins; ils se lient étroitement entre eux, se suivent, s'aident et se soutiennent dans leurs infirmités. Les mâles et les femelles se quittent rarement, et lorsqu'un mâle a reçu les premières faveurs d'une femelle, c'est un titre à sa reconnaissance ; il ne l'abandonne pas ; il partage ses veilles comme ses plaisirs ; si les mâles se battent entre eux, c'est pour se disputer les femelles. S'ils tuent quelquefois leurs petits, c'est pour pouvoir disposer plus tôt de leur mère. Ce sentiment de l'amour est en eux si fort et si énergique, qu'il les fait sortir de leur caractère pacifique et benin, et les rend parfois tyrans et cruels. Olivier de Serre, dont l'autorité en agriculture est si imposante, recommande de ne mettre qu'un mâle sur trente femelles, afin que celles-ci ne soient pas continuellement poursuivies. Quelque grande que soit cette proportion, elle paraît juste, et l'expérience prouve qu'elle est nécessaire pour la prospérité d'une garenne; pour mieux apprécier les habitudes des lapins dans l'acte de la reproduction, prenons-les à l'époque où la nature leur donne la force virile. A six mois, ils s'accouplent et sont en état de reproduire, alors le mâle devient jaloux et pétulant ; le moindre refus l'irrite, son courage et son audace augmente avec les obstacles ; il poursuit et importune la femelle, jusqu'à ce qu'il soit satisfait. C'est dans l'intervalle de ses accès amoureux, qu'il cherche dispute à tous les individus de son genre ; il se bat comme un enragé ou plutôt comme un amant qui craint de se voir enlever sa maîtresse. Toujours prêt à agir et en état de satisfaire six femelles dans une heure, on conçoit qu'il ne doit pas laisser en repos celles qui l'entourent, et que, si elles ne sont pas en nombre, elles sont importunées, tourmentées à tel point, que leur santé en souffre. Leur accouplement se fait à peu près comme celui des chats. La femelle se couche sur le ventre, à plat de terre, les quatre pattes allongées, en jetant de petits cris ; mais le mâle ne la mord que très-peu sur le chignon. Lorsque la femelle est tout occupée de ses petits, l'indifférence qu'elle montre pour les caresses du mâle rend celui-ci furieux, et c'est alors qu'il tue sa progéniture, pour être libre, et plus tôt satisfait. Le sentiment de l'amour est, dans ces créatures, plus fort que celui de la faim, et il domine tous les autres sentimens de l'âme. Les animaux les plus féroces et les plus voraces se décident à partager leur proie, à coucher sous le même rocher, à parcourir la même contrée. Les animaux les plus benins, comme les lapins et les moutons, n'opposent aucune résistance aux mauvais traitemens qu'on peut leur faire, et souffrent sans colère et sans ressentiment, les plus grandes privations; mais, lorsqu'il s'agit de satisfaire le besoin de l'amour, plus d'amitié, plus de confiance, plus de docilité.

Chacun ne pense qu'à soi, et c'est alors que l'égoïsme fait tableau dans la nature vivante; on ne voit que lui dans les actions de l'individu. L'amour le rend barbare et cruel, et quelle que soit l'opinion des naturalistes sur la cause bizarre qui porte la plupart des animaux à dévorer leurs petits, je ne crains point d'avancer qu'elle naît le plus souvent de ce besoin impérieux, et de celui non moins grand encore d'être libres. Le lapin mâle ne va jamais visiter ses petits; il ne se charge ni de faire leur nid, ni de leur porter la nourriture; seulement lorsqu'ils sortent du sein de leur mère et qu'ils viennent flairer l'air au bord des trous du terrier, leur père accourt auprès d'eux, il leur lèche les yeux, il lustre leur poil, et leur fait des caresses tout-à-fait agréables. Ce sentiment de tendresse est plus fort dans le lapin sauvage que dans le lapin domestique. La femelle du lapin est tout aussi lascive que le mâle, elle est en chaleur toute l'année, mais elle est moins pétulante et moins agitée dans ses désirs. Si la nature de son organisation lui permet de recevoir les approches du mâle à toutes les époques de l'année, et même d'engendrer une seconde portée avant qu'elle ait mis bas la première, elle refuse le mâle lorsqu'elle est couverte, et ce n'est qu'à force d'importunités qu'elle cède; mais dans le cas de superfétation, elle sacrifie la première portée pour nourrir la seconde. Ces dispositions naturelles la rendent très-féconde; on n'est pas d'accord sur le nombre de lapereaux qu'une lapine peut faire dans un an; un voyageur anglais assure que, deux hases de lapins ayant été transportées dans une île, au bout d'un an il s'en trouva 6,000; ce nombre est sans doute un peu exagéré, mais on peut croire qu'une lapine peut, sur un terrain favorable, donner 100 lapins par an : terme moyen, on évalue le nombre à 60. Son état de gestation dure de 30 à 31 jours, ses portées sont de 6 et même de 8; elle peut faire jusqu'à 10 portées par an, mais communément elle n'en donne que 7 à 8; la crainte d'être tourmentée par les mâles, et peut-être l'intérêt maternel de sauver ses petits de la voracité de leur père, l'oblige, quelques jours avant de mettre bas, de se faire un terrier particulier. Cette habitation nouvelle que le chasseur appelle rabouillière, est faite non en ligne droite, mais en zig-zag ; le fond est une excavation de 4 à 5 pouces de diamètre et de forme ronde ; elle le garnit de poils qu'elle s'arrache de dessous le ventre, et en fait le nid de ses petits. La femelle du lapin est bonne mère, elle a beaucoup d'attachement pour ses petits, elle ne les quitte pas pendant les premiers jours de leur naissance, et pendant 6 semaines elle ne sort que pour manger, encore mange-t-elle fort vite, afin de ne faire que de courtes absences. Cependant quelquefois elle tue ses petits et lorsque cela lui arrive plus d'une fois, il faut la tuer elle-même, attendu que le vice est incorrigible. J'ai dit plus haut ce que je pensais sur cette action cruelle, et je ne crois pas qu'elle constitue une anomalie dans les lois de la nature; les espèces vivantes pullulent sur la terre, et la nature si féconde a placé les moyens de destruction à côté des moyens de conservation, afin de maintenir l'équilibre. Il faut croire que la mort naturelle n'aurait pu remplir parfaitement ses intentions, et que la lenteur de ses effets n'étant point en harmonie avec la rapidité de la naissance, il y aurait eu trouble et confusion dans la marche de la création, puisqu'elle a permis que les animaux se dévorent les uns les autres, et que les pères et les mères fassent périr leurs enfans. Quoi qu'il en soit, les lapines qui dévorent leurs petits sont en trop petit nombre, pour prêter à l'espèce entière cette disposition abominable. Les femelles nourrices montrent trop de zèle dans les fonctions de la maternité, pour leur supposer des intentions barbares. On a observé que lorsqu'elles sortaient pour manger, elles bouchaient l'entrée de la rabouillière avec un mastic fait de terre détrempée dans leur urine; c'est pour éviter toute visite importune qu'elles hâtaient leur repas, afin d'être plus tôt auprès de leurs petits. Les lapins vivent 8 à 9 ans; au bout de 6 semaines à compter de leur naissance, ils sortent de leur terrier et vont au gagnage; les jeunes lapins et les hases s'écartent beaucoup moins du terrier que les mâles robustes et vigoureux; ils relèvent ordinairement une fois par jour surtout lorsque le tems est beau, mais pendant l'été, lorsque les nuits sont courtes, les lapins en général relèvent plus d'une fois par jour; les lapins domestiques que l'on jette dans les garennes ne se creusent des terriers qu'après bien long-tems et après plusieurs générations, les contrariétés qu'ils éprouvent soit par l'inconstance du tems, soit par les animaux qui les recherchent, les rendent industrieux, et ils finissent par imiter leurs frères.

CHAPITRE III.

DE LA GARENNE.

On appelle garenne, l'endroit où l'on met les lapins; il y a trois sortes de garennes; les garennes libres, les garennes forcées et les garennes domestiques.

Les garennes libres sont celles qui se font en plein champ; pour les établir, on met dans l'endroit que l'on veut peupler, des lapins tout formés dans la proportion de 8 à 10 femelles sur un mâle; on les conserve sans les chasser pendant une ou deux années, et on les fait garder par une personne de confiance.

Les garennes libres ont été détruites au commencement de la révolution; un décret du 11 août 1789, en abolit l'usage exclusif. Maintenant que l'état de notre civilisation et la forme de notre gouvernement nous permettent d'apprécier les abus et les avantages qui naissent des institutions sociales, nous pouvons, je pense, hasarder quelques réflexions dans l'intérêt de l'agriculture et du commerce sur ce qui concerne les garennes libres.

Il est de fait que lors du régime féodal, cette sorte d'établissement n'avait point un but d'intérêt général, et qu'il n'était qu'un moyen de distraction et de délassement pour les grands seigneurs qui, pour la plupart du tems, laissaient pulluler leurs lapins au lieu de les chasser et de les éclaircir; le droit de chasse leur étant exclusivement réservé, ils n'en usaient qu'à leur bon plaisir. De sorte que dans beaucoup d'endroits, les lapins se multipliaient considérablement, et faisaient beaucoup de dégâts sans profits; le villageois qui voyait dévaster son pauvre coin de terre, ne pouvait en diminuer le nombre sans s'exposer à la bastonnade et à la prison, de telle façon que les lapins n'étant destinés qu'à nourrir les renards et les bêtes fauves, ou qu'à servir d'amusement à quelques heureux oisifs, leur existence devenait plus nuisible qu'utile, et les garennes libres étaient un privilége d'autant plus injuste, qu'il nuisait à la prospérité de l'agriculture, lésait le droit de propriété sans aucun profit pour l'État ni même pour le propriétaire de cette sorte d'établissement; le décret du 11 août, 1789, était donc basé sur de grands motifs d'intérêt général, il était juste dans toute la force du droit.

Mais depuis que la révolution, en nivelant les droits et les avantages civils, a fait tournér au profit du plus grand nombre les progrès de l'agriculture et du commerce, il me semble que l'éducation des lapins sauvages peut entrer pour quelque chose dans nos ressources agricoles et industrielles, et que les bénéfices que l'on doit en retirér, peuvent figurer aussi dans le budget de nos recettes nationales; n'oublions pas que les lapins sont d'un grand revenu, qu'ils sont un excellent gibier, que leur poil est essentiellement nécessaire à la chapellerie pour faire feutrer l'étoffe et lui donner de la fermeté, qu'il sert encore à une foule de branches industrielles qu'on en fait des bonnets, des bas, des gants, des fourrures, des chaussons, et même des draps; qu'année commune nous achetons 8 ou 10,000,000 de peaux de lapins, et qu'en politique comme en économie, c'est une sottise de porter aux autres son argent, lorsqu'on peut le conserver chez soi. Admettons que des garennes libres fournissent à l'industrie et au commerce, 8 à 9,000,000 de lapins de plus que ceux que donnent nos garennes domestiques et nos clapiers; nous n'aurons plus besoin de porter notre argent à l'étranger, et nous aurons une douzaine de millions de livres de chair de lapins, qui ne nous reviendront pas à 4 sous la livre. A présent, quels sont les dommages que les lapins peuvent causer au gens de la campagne qui maintenant sont maîtres chez eux, et auxquels on accorde facilement des port-d'armes, lorsqu'ils sont honnêtes, et qu'ils ont un peu de bien? Je sais que les lapins font beaucoup de mal lorsqu'on les laisse trop se multiplier; j'ai cité une ville d'Espagne engloutie sous les terriers des lapins, et je puis même joindre à ce fait, ce que rapporte Spallanzani des habitans de l'une des îles de Lipari qui furent contraints d'élever des chats, pour faire la guerre aux lapins qui dévastaient leurs propriétés. Mais tout cela ne dit pas que nos bons villageois ne seraient pas fort aises que

3 ou 4 lapins vinssent de tems en tems brouter dans leurs jardins ,afin de pou voir manger à peu de frais un bon gibier, soit en rôti, soit en civet, et ils sauraient bien quand bon leur semblerait éloigner ces animaux, s'ils leur devenaient importuns. Maintenant les villageois ont de quoi faire la guerre à toutes les bêtes des forêts, et ils ne les craignent plus; ils ont des fusils, des filets, des bâtons, des épouvantails, des chiens, et les lapins sont trop timides et trop peureux pour résister à tant d'effroyables armes. Cependant, malgré la conviction où l'on peut être, que les lapins ne sont pas à craindre, faisons des garennes libres, mais établissons-les là où elles conviennent mieux, et loin de tout ce qui peut porter ombrage à l'agriculture. Les garennes libres conviennent dans les landes, dans les bruyères, dans les garriques, sur les montagnes rocailleuses, sur les dunes, dans les endroits sablonneux, non cultivés ; quelque fertile que soit la France, il y a encore beaucoup de terrains de ce genre, où les garennes libres seraient bien placées, et ce serait un service rendu à

l'État, que de reproduire ces sortes d'établissement.

On chasse le lapin dans les garennes libres au fusil, au furet, à l'affût, au panneau, au pan contremaillé, au collet, à l'écrisse, à l'appeau et à la fumée; les trois premières chasses sont celles qui se font le plus généralement; les autres se font par circonstance et comme pour varier cette sorte de plaisir; pour la chasse au fusil on se transporte avec le moins de bruit possible, s ivi d'un bon basset, dans un lieu peuplé de lapins; on ferme les trous de tous les terriers; on met alors en chasse son chien, et pendant sa course, on se tient tranquille avec son fusil dans sa main en attendant le lapin qui, poursuivi par le basset, ne tarde pas à revenir au terrier dont on a bouché les entrées. Cette chasse se fait le soir et le matin : on fait la chasse à l'affût en se tenant caché tout auprès des endroits où passe le lapin qui va au gagnage. Cette chasse exige que l'on soit patient, tranquille et silencieux.

La chasse au furet se fait dans le milieu du jour lorsque les lapins sont dans leurs terriers; après avoir fait chasser pendant trois quarts d'heure par son basset tous les lieux que l'on a dessein d'explorer, pour faire rentrer les lapins dans leurs souterrains, on l'attache et on tend des poches en forme de filets sur les trous de chaque terrier, alors on prend son furet; on lui attache une sonnette au col, afin de mieux épier ses démarches, et on le lâche dans le terrier, les lapins poursuivis par cet importun ennemi ne tardent pas à s'échapper du terrier, mais ils se trouvent pris par les filets que l'on à placés à toutes les entrées; on a le soin de retirer de suite les lapins qui se prennent dans les poches afin que le furet qui les poursuit ne les voie pas, ce qui l'engage à retourner au terrier; cette sorte de chasse est amusante, parce qu'elle n'est point pénible et qu'elle est toujours fructueuse, lorsque le furet est de bonne espèce et que les lapins sont communs.

On appelle garennes forcées des enclos assez vastes où l'on entretient les lapins. Un parc, un terrain clos de murs ou par de larges fossés dans lesquels on élève une quantité de lapins, est une garenne, mais l'art et les exigences du luxe ont depuis des siècles établi quelques règles pour ces sortes d'établissemens. Olivier de Serre, qui pour avoir écrit il y a deux cents ans, n'en est pas moins encore l'écrivain agronome que l'on copie le plus et que l'on suit le mieux parce qu'il a dit de bonnes choses et des choses vraies, s'exprime ainsi en parlant des garennes forcées : « Un cousteau un peu relevé » regardant le levant et le midi et terre » vigoureuse, plus légère que pesante, » est le lieu que l'on choisira pour ga- » renne. »

Tous les écrivains qui, depuis cet auteur, ont parlé de garenne, ont répété la même chose; mais, Olivier de Serre entre dans de grands détails sur la disposition des garennes forcées; il veut que leur étendue soit au moins de sept à huit arpens entourés de murailles de pierres hautes de neuf à dix pieds garnies en dessous d'un chaperon d'une tablette saillante qui trompe le saut des renards; et que les fondations en soient profondes pour empêcher les lapins de traverser les constructions ; les différens trous pratiqués pour l'écoulement des eaux, doivent être grillés en fils de fer très-serrés ; il veut aussi que l'intérieur soit parsemé de taillis épais et d'arbres toujours verts, pour prêter aux lapins leurs ombrages contre les ardeurs du soleil. Il recommande de planter des arbres fruitiers, des cornouilliers, des pruniers, des pommiers et de semer des plantes d'un arôme agréable, telles que le serpolet, l'origan, la lavande, le thym; il donne aussi comme un excellent moyen d'entourer les garennes de larges fossés pleins d'eau, que l'on peut mettre à profit en les empoissonnant; il n'oublie rien de tout ce qui peut rendre ces sortes d'établissemens commodes et agréables, mais les garennes de cette espèce ont l'inconvénient d'être trop chères à construire et l'on ne s'empresse pas d'en faire. En Angleterre, où les garennes sont fort communes, surtout dans le Comté d'Yorck et dans les pays de Cambridge et de Lincoln, on les entoure d'un mur de terre de quelques pieds de haut, dont le chaperon, en paille ou en jonc, dépasse de beaucoup l'aplomb du mur, et sert ainsi d'abri aux lapins dans les mauvais tems; on sème le champ de l'intérieur de toutes sortes de graminées et de légumineuses ainsi que de carottes, de betteraves, et de turnept, qui est un gros navet dont

les feuilles sont très-larges et très-nourrissantes. Quelque simple que soit la forme de la construction d'une garenne, on a cherché à la perfectionner par différentes modifications; les uns ont voulu qu'elle fût faite de trois enclos entourés de murs comme un château fort; les autres ont tenu à ce que l'intérieur fût garni de petits monticules en forme de redoute : je crois qu'en ceci comme en tout ce qui tient aux productions territoriales, on doit avant tout rechercher l'économie; la manière dont on établit les garennes aux environs de Paris, doit servir d'exemple pour toutes ces sortes d'établissemens; voici comment on s'y prend pour les former d'après Bosc :
» On creuse un fossé autour d'une en-
» ceinte de quelque dimension quelle
» soit en rejetant la terre au dedans
» de l'enceinte, le côté extérieur de ce
» fossé est perpendiculaire, et le côté
» intérieur en pente douce, l'enceinte
» forme donc un monticule dont la
» terre est remuée et par conséquent,
» facile à être exploitée par les lapins;
» au centre on construit un petit hangar
» couvert en planches et destiné à ser-
» vir d'abri aux lapins, et autour, ex-

» cepté dans un espace de deux pieds
» qu'on réserve pour la porte, et à deux
» pouces du bord du fossé, on plante
» des piquets hauts de six pieds, écar-
» tés de six pouces, qu'on lie entre eux
» par un grossier clayonnage; dans le
» cas où la terre est argileuse on mé-
» nage dans celle qui est remuée, des
» trous avec des pierres et des planches,
» pour servir de retraite aux lapins. »
Ces sortes de garennes ne sont pas à l'abri des bêtes fauves; mais elles sont économiques, et sous ce rapport elles sont à préférer.

L'important pour une garenne, c'est que le terrain soit convenable et à la portée de la maison; dans ce dernier cas elle est plus aisée à soigner, et on peut mieux la préserver de la rapacité des renards, des fouines et des chats, et surtout de la visite des braconniers. Ainsi que le dit Olivier de Serre, la terre doit être vigoureuse et légère, mais non trop friable, ni trop sablonneuse; les lapins dans des terroirs sablonneux, font facilement des terriers, mais les parcelles de sable qui se détachent continuellement obstruent leur intérieur et incommodent les jeunes lapereaux; il vaut mieux, dans ce cas, que le sable soit mêlé d'un peu de terre compacte, telle que l'argile ou la marne : plus le terrain de la garenne a d'étendue, mieux le lapin prospère, et mieux aussi il prend le caractère, les mœurs et toutes les qualités des lapins sauvages; il faut planter çà et là des taillis de différens arbres qui plaisent aux lapins, tels que des saules marsault, des ormes, de peuplier, etc.; il faut, entre ces taillis, semer des plantes odoriférantes et plusieurs espèces de fourrages, afin que les lapins puissent y trouver tout à la fois de quoi se reposer et se nourrir; ces animaux aiment beaucoup les bourgeons, les écorces, les feuilles et les fruits des arbres; on doit planter des arbres fruitiers de six à sept ans, mais en entourer les pieds avec une forte bordure de buisson épineux; les lapins aiment l'ombre, il semble qu'ils ne se plaisent dans les climats chauds, que pour mieux jouir de la fraîcheur qu'elle procure; dans les lieux couverts par une vigoureuse plantation, les lapins relèvent à toute heure du jour et vont dormir dan es taillis.

Lorsque la garenne se trouve ainsi

toute peuplée d'arbres, les lapins qui l'habitent ne diffèrent pas en qualité de ceux des garennes libres ; il faut dire que, d'après les connaisseurs, il y a une différence sensible entre le fumet d'un lapin sauvage et celui d'un lapin de garenne, et entre le fumet de celui-ci, et le fumet du lapin domestique; lorsqu'on tient à avoir une garenne entourée de murs faits en pierre, il faut que les fondemens soient unis et forts et qu'ils aient au moins quatre ou cinq pieds d'épaisseur, il faut faire aussi tout autour de ces murs, comme on fait en Angleterre, je veux dire de petits hangars couverts en paille, en joncs ou en genêt. Ces abris servent aux lapins dans les tems de pluies et de neiges, pour aller brouter les herbes qui y croissent; c'est là aussi qu'on leur donne à manger lorsqu'il n'y a pas de hangar disposé pour cela.

Il est indifférent que la garenne soit longue, ronde ou carrée; on prend tout le terrain que l'on peut et qui paraît le plus convenable, et on le clôt de la manière que l'on veut, comme il a été dit; cependant quelque bonne que soit la terre, si elle était humide ou dans un bas fond, il ne faudrait pas s'en servir; l'humidité est contraire aux lapins et les bas fonds sont souvent couverts d'une couche de terre compacte et dure, qui n'est pas favorable à la construction des terriers. Il ne faut pas oublier que lorsque les lapins ne trouvent pas un endroit favorable, ils l'abandonnent et quelque cloitrés qu'ils soient, et quoiqu'on leur fasse, ils cherchent à s'évader et finissent par y réussir. C'est pour cela, qu'avant tout, il faut choisir un endroit qui leur soit agréable, et ce n'est pas sans raison que l'on recommande les lieux élevés et exposés au midi, parce que, partout où le soleil frappe plus directement, la terre est plus légère, plus friable, plus meuble et beaucoup moins humide. Les garennes forcées réussissent très-bien dans les défoncemens de bois dont l'exposition est un peu élevée, ainsi que sur les montagnes dont la terre végétale est un mélange d'argile et de sable; les gariques qui séparent la Provence du Languedoc, les landes de la Guienne, les bruyères des montagnes du Dauphiné, les bois taillis de l'Auvergne, pourraient servir merveilleusement à faire des garennes forcées; mais tous ces endroits sont habités par des lapins sauvages, et qui sont en assez grand nombre; les garennes forcées ne peuvent être un objet lucratif de commerce qu'auprès des grandes villes; mais, comme la France compte un grand nombre de cités populeuses, ce genre d'exploitation deviendrait encore assez important s'il était établi partout où il serait utile et profitable.

CHAPITRE IV.

DE LA MANIÈRE DE PEUPLER LE GARENNES FORCÉE; DE L'ÉDUCATION, DE LA NOURRITURE, DU CHOIX DES LAPINS QUI LES HABITENT ET DES MOYENS EMPLOYÉS POUR LES PRENDRE.

Lorsque les garennes forcées étaient communes en France, un intérêt bien entendu obligeait les propriétaires d'avoir des clapiers pour les peupler; voilà pourquoi, sans doute, Olivier de Serre dit que les clapiers sont les séminaires des garennes. Mais aujourd'hui qu'elles sont rares, on prend des lapins où l'on en trouve, pourvu qu'ils aient les qualités convenables. Certainement le moyen le plus prompt pour peupler une garenne, c'est celui de les prendre dans un clapier, mais je ne crois pas que ce soit le plus avantageux ; si les lapins domestiques sont plus féconds, ils sont plus lourds, plus maladroits que les lapins sauvages, ils demeurent long-tems à se creuser un terrier, et ce n'est, dit-on, qu'après plusieurs générations et qu'après bien des traverses, qu'ils entreprennent de se faire une habitation souterraine. Si la nouvelle garenne n'a pas de terriers artificiels, les lapins qu'on y jette sont exposés pendant long-tems à toute l'intempérie des saisons à laquelle ils ne sont point accoutumés, et naturellement ils souffrent et dégénèrent. Si, cependant, on ne peut avoir des hases pleines de garennes, on prend celles de clapiers que l'on jette dans la garenne que l'on veut peupler, ou bien on y introduit une vingtaine de femelles et deux mâles. Il n'est pas nécessaire de mettre autant de mâles dans une garenne forcée que dans une garenne libre, attendu que les lapins sont plus rapprochés les uns des autres. Les soins à prendre pour la prospérité d'une garenne forcée ne sont pas nombreux ni bien difficiles; les plus importans sont de donner à manger aux lapins à propos, de les empêcher de faire des trous au long des murs pour s'évader; de poursuivre et de chasser les renards, les chats et toutes les bêtes fauves qui viennent les attaquer, de les garder soigneusement contre toutes les tentatives des braconniers, de nettoyer les endroits où ils mangent, d'éclaircir de tems en tems le nombre des mâles, de boucher les rabouillières où l'on soupçonne que les lapereaux ont péri, et de les chasser dans les saisons les plus convenables et lorsqu'elle est bien peuplée.

Lorsque la garenne est vaste, on donne peu ou point de nourriture aux lapins, même en hiver; car alors ils rongent les écorces des arbres et tous les restes de végétation hivernale; plus la garenne est limitée, plus on est obligé de leur donner à manger, et alors ce doit être deux fois dans la journée, le matin et le soir. Les lapins qui souffrent de la faim dépérissent rapidement, et les hases ne donnent que des portées sans force et qui ne prospèrent pas. Il est essentiel de leur assigner un endroit pour leur donner à manger, et on doit tenir à ce que ce soit toujours la même personne qui remplisse cette fonction, afin qu'ils s'accoutument à elle et qu'ils obéissent à son commandement, ce qu'ils ne tardent pas à faire ; bientôt on les voit accourir auprès d'elle lorsqu'elle entre dans la garenne, soit pour leur donner à manger, soit pour faire quelque visite particulière : dans cet état, il est aisé de les faire obéir à un signal d'appel. Ordinairement on les réunit par un coup de sifflet ; ce signe est celui qu'ils comprennent le mieux et auquel ils obéissent avec une ponctualité remarquable. Les lapins, comme on l'a vu, ne sont pas friands ni bien délicats dans leur manger ; ils sont herbivores, et ils aiment aussi beaucoup les graines ; dans la belle saison, il faut que la garenne soit bien aride pour qu'ils n'y trouvent pas de quoi se nourrir ; dans tous les cas, on peut leur donner tous les sarclages des champs et des jardins, tous les restes des potagers ; ils mangent les laitues, les seneçons, les panées, les feuilles de vignes, les soucis, les feuilles d'orme, de peuplier, de saule ; toutes les espèces de fourrages, les graminées, les légumineuses. Enfin, on trouve partout pays de quoi nourrir ces animaux, tant ils sont portés à manger tout ce qu'on leur donne. En hiver, lorsque la terre n'offre plus de vestiges de végétation, on les nourrit de son, de l'orge, de l'avoine, des feuilles d'arbres desséchées et des branchages que l'on a destinés pour eux. La garenne doit être toujours fournie de quelques petites meules de foin ou de regain, de luserne ou de trèfle dont on a le soin de couvrir le dessus avec un peu de paille. Enfin on peut encore les nourrir avec des fruits ou des racines, tels que des pommes, des prunes, des carottes, des pommes de terre, de topinambous, des betteraves, des turneps, etc., etc.

Pour empêcher les lapins de faire des trous au long des murs, on creuse en pente, dirigée vers l'extérieur et le pourtour de ce mur, dans la longueur de sept à huit pieds et de manière que ces fondations soient mises à découverts environ d'un pied, les lapins ne feront jamais leurs trous ni dans le sens des fentes, ni dans les murs bien forts et bien unis ; on n'a point à craindre qu'ils s'évadent après une pareille précaution. Celui qui est chargé du soin de la garenne doit veiller à ce que nul animal carnassier n'y puisse pénétrer; on doit soupçonner la présence de quelque renard ou de quelque fouine, lorsque les lapins sont agités, qu'ils paraissent craintifs ou ne sont pas lestes à obéir au coup de sifflet, les appâts empoisonnés ne suffisent pas contre des ennemis qui trouvent, sur le terrain sur lequel ils se sont placés, une abondante et délicate nourriture.

On doit, indépendamment de ces moyens, les attaquer avec des pièges ou avec des fusils. Enfin, il faut employer toutes les ruses possibles pour les mettre en fuite, sans cela ils feront un tort considérable à l'établissement. Quant aux braconniers, ils ne peuvent, sans courir de grands risques, venir chasser dans les garennes closes. Cependant, il faut encore veiller sur eux et faire des visites continuelles ; d'ailleurs, une garenne un peu considérable doit être confiée à un garde sédentaire, qui consacre entièrement son tems aux lapins. On doit encore approprier, au moins deux fois par semaine, le hangar ou le dessous de l'arbre où on leur donne à manger, ainsi que les autres endroits où les lapins ont coutume de se rassembler pour brouter ou se blottir. Le trop grand nombre de mâles est toujours un obstacle à la prospérité de la garenne, attendu qu'ils épuisent les femelles et qu'ils tuent leurs petits pour les rendre moins indifférentes ; il est donc important de les éclaircir ; lors donc que l'on fait la chasse de la garenne, on sacrifie spécialement ceux-ci, ainsi que les lapins de tout genre qui ont plus de trois ans. Un soin encore que l'on ne doit pas négliger, c'est celui de nettoyer les rabouillières dans lesquelles les jeunes lapereaux ont été tués ; une rabouillière n'a guère que trois pieds de profondeur, quoiqu'elle ne soit point faite en ligne droite ; on peut la fouiller et en retirer les lapins pourris qui peuvent empester l'air de la garenne, et c'est ce qu'il faut faire toutes les fois qu'on soupçonne qu'une portée a été sacrifiée par un mâle. La chasse de la garenne forcée ne se fait ni avec le fusil, ni avec le furet, ni avec aucun moyen capable d'effrayer les lapins. On doit les prendre par ruses et en leur dressant des embûches. Cette chasse se fait en toute saison auprès des grandes villes, et surtout en été, en raison de la rareté du gibier, ce qui rend la vente du lapin facile; mais dans les endroits un peu écartés, on doit préférer de ne la faire que l'hiver, par rapport à l'avantage que donnent les peaux de lapins qui, à cette époque, sont plus belles et plus fournies de duvets. Quoi qu'il en soit, on ne chasse la garenne que lorsqu'elle est bien peuplée, et l'intervalle d'une chasse à l'autre doit être plus ou ou moins long, à raison du nombre des lapins et de la grandeur de la garenne.

On peut chasser la garenne tous les mois, tous les quinze jours, toutes les semaines. En Angleterre, où les garennes sont fort vastes, on chasse plusieurs fois par semaine; un millier de lapins de moins ne paraît pas, sur une garenne de trois à quatre mille acres; on prend les lapins, soit avec des filets, soit avec des trappes ou avec des paniers faits exprès. M. Silvestre a donné les différens moyens de les prendre dans son article *Lapin*, inséré dans le *Dictionnaire d'Agriculture.* Voici comment il s'exprime : « Lorsqu'on veut prendre les lapins de la garenne, on se sert de piéges, de filets ou d'espèces de trappes ; les filets doivent être tendus vers le milieu de la nuit, entre les terriers et les lieux où les lapins vont pâturer ; on les chasse avec les chiens, et on les laisse dans les filets jusqu'au jour. Les filets à ressorts doivent être placés aux environs des meules de foin où les lapins se rendent en grand nombre ; on pratique aussi de grandes fosses recouvertes d'un plancher au milieu duquel il y a une petite porte avec une petite trappe ; ces fosses sont creusées aux environs des meules de foin, ou bien dans les champs de turneps ; la trappe reste fermée pendant quelques nuits pour ne pas effrayer les lapins ; on l'ouvre ensuite pour les prendre, en vidant la fosse dans laquelle ils sont tombés. Quelques-uns font une grande quantité de trous, lorsque les lapins sont au gagnage ; ils les effraient ensuite pour leur faire chercher leur retraite dans d'autres trous pratiqués exprès, qui traversent les monticules ; à l'un des bouts de ces passages ils ont tendu un filet, et par l'autre ils forcent les lapins, à l'aide d'une grande perche, à se sauver et à se prendre dans les filets. D'autres suspendent à un arbre un large panier d'osier, sur l'endroit où les lapins vont prendre leur nourriture, ou bien sur la place où elle a été accumulée à dessein ; et par le moyen d'une corde qui passe sur une poulie, et vient aboutir à un cabinet dans lequel le chasseur se trouve caché, il le laisse tomber tout doucement sur eux lorsqu'ils ont été rassemblés à l'aide du sifflet ou de la voix ; ensuite on les tire par une porte pratiquée latéralement sur le panier. Il est essentiel, ajoute Silvestre, qu'il y ait plusieurs endroits garnis de ces paniers ou bien on doit les changer fréquemment. »

On voit, par ce récit, que ce n'est que par des moyens de ruses, moyens que l'on peut multiplier à volonté et selon les circonstances, que l'on chasse les lapins. L'important, dans cette chasse, si elle est faite au moyen des trappes, c'est de ne pas laisser trop long-tems les lapins séjourner dans les trous, parce qu'ils peuvent s'étouffer et qu'alors ils ne sont plus bons à manger; que, si elle est faite avec des paniers ou avec des filets et des chiens, il la faut vite expédier, parce qu'une trop longue action effraie les lapins qui restent et les rend moins familiers, et si l'on veut faire une seconde chasse un peu après l'autre, on ne réussit pas si aisément. Lors donc que l'on fait la chasse de la garenne, on doit avoir le soin de choisir les mâles pour les assommer; ceux qui ont depuis six mois jusqu'à un an, sont bons à vendre et à manger; ceux qui ont un an et deux ans, sont bons à la reproduction; et ceux qui ont passé trois ans, doivent, ainsi que les femelles de cet âge, être sacrifiés. Les petits lapereaux que l'on prend, et même d'autres lapins, peuvent être châtrés et conservés dans la garenne; on châtre les lapereaux en leur arrachant ou en leur nouant fortement les testicules; on les coupe aux adultes avec un couteau tranchant; on ne coud pas la plaie, on se contente de la frotter avec un peu de beurre frais, ce qui est suffisant : la liberté et l'air la cicatrise bientôt. Il n'est pas nécessaire de laisser un grand nombre de mâles dans la garenne; lorsqu'elle est bien fournie de hasos pleines, un ou deux suffisent.

Quelque nombreuses que soient les femelles, dans le choix que l'on fait des lapins, il faut faire attention de ne pas sacrifier des femelles plaines; on reconnaît celles-ci à leur gros ventre, à leur état de lourdeur et d'affaissement, à leur voracité et aux soins qu'elles ont de retourner après leurs repas, à leur rabouillière; enfin, règle générale, dans les chasses de garenne, tuer les mâles ou les châtrer, conserver les hases et élaguer de la garenne les lapins de l'un et de l'autre sexe, qui ont plus de trois ans. Une garenne de sept à huit arpens peut fournir deux ou trois mille lapins par an, et plus encore si la terre leur est extrêment favorable ; ainsi, si l'on calcule bien, on peut se convaincre que le plus mauvais terrain, ainsi disposé, celui même qui ne rend pas l'impôt qu'il coûte, produira beaucoup plus qu'une terre de première qualité. Les lapins sont d'une vente facile par toute la France ; et, quelque nombreux qu'ils soient dans les marchés des grandes villes, ils sont bientôt enlevés par les amateurs. Les lapins ainsi élevés coûtent très-peu ; c'est tout au plus s'ils reviennent à quatre sous pièce. D'abord, le champ de la garenne doit fournir les deux tiers de la nourriture ; il n'y a qu'en hiver qu'il faut avoir le soin de les alimenter, et les lapins peuvent alors se contenter des regains, de luserne et de trèfle qu'ils aiment beaucoup.

Lorsqu'on visite la garenne, il ne faut pas faire prendre l'habitude ni aux chats ni aux chiens de vous suivre ; ces animaux, quelque dociles et quelque bien apprivoisés qu'ils soient, peuvent avoir des réminicences de caractère capables de troubler le peuple lapin et de le rendre farouche ; ils peuvent, au moment où l'on y pense le moins, s'élancer sur un de ces animaux et en faire leur pâture ; du reste leur présence seule, les importune et les effraie, et ils sont capables de se désaffectionner pour ceux qui les nourrissent. Lorsque la saison est mauvaise ou que les hivers sont rudes, les lapins sont susceptibles de devenir étiques et de périr dans leurs terriers. A ces époques, il est prudent de prendre tous ceux qui sont dans cet état de dépérissement, et de les élever dans un clapier bien chaud et bien sain; cela empêche qu'ils aillent mourir dans les terriers, et fort souvent avec de la propreté, de la chaleur et une nourriture saine, on parvient à leur rendre la santé.

Mais il faut avouer que les lapins de garenne sont rarement malades. Vivant en plein air et comme dans leur état naturel, ils ne sont, pour ainsi dire, attaqués que par des maladies accidentelles, que l'air et la liberté guérissent bientôt. Il n'y aurait que le manque de nourriture ou une nourriture trop aqueuse, qui pourraient, dans certain cas, altérer leur embonpoint ordinaire. Sous le rapport de l'hygiène, la garenne n'exige pas autant de soin que le clapier; l'air qui est le principe de la santé et de la vie, purifie tout; et avec les moyens de salubrité que j'ai indiques, on doit s'en reposer sur les lapins pour le soin de leur santé; ils ont la nature pour médecin; elle vaut bien Hippocrate et Galien.

Souvent le propriétaire d'une garenne, soit par dégoût, soit parce que la garenne ne lui paraît pas assez productive, soit enfin pour d'autres raisons, veut la détruire : pour cela il faut choisir un beau jour d'hiver où le froid est vif et fort, ou un tems de pluie; car dans l'un et dans l'autre cas les lapins, sont renfermés dans leurs terriers. On fait malgré cela une battue aux environs pour faire rentrer ceux qui seraient au gagnage. On a le soin de faire beaucoup de bruit, afin de les retenir par la crainte dans leur demeure, ensuite on se rend maître de tous les trous des terriers, on les agrandit avec une pioche ou une bêche, et on les couvre de mauvais bois auquel on met le feu; lorsque le bois est aux deux tiers consumé, des ouvriers armés de pelles poussent les charbons enflammés dans les terriers et en ferment les ouvertures. La fumée qui s'échappe des charbons vicie l'air et échauffe les lapins : quelques jours après on va visiter sa garenne, et si l'on trouve des trous ouverts on recommence l'opération.

Les garennes forcées sont plus lucratives auprès des grandes villes que dans l'intérieur des terres, quoique la main-d'œuvre et la nourriture soient plus chères, et qu'il faille une surveillance plus active et plus assidue, les lapins se vendent toujours à un prix fort élevé; ensuite dans des endroits très-vivans, on n'a pas beaucoup à craindre le renard et le loup, ni la bête fauve; aussi je considérerai toujours comme une bonne spéculation l'entreprise d'un pareil établissement partout où la population est forte, et surtout aux environs de Paris. J'estime que quinze à vingt garennes forcées près de Paris, qui fourniraient à cette capitale cinq à six mille lapins par jour, ne seraient pas de trop, et les propriétaires de pareils établissemens pourraient y trouver leur compte. Je n'ignore pas que les bois et les forêts des environs de Paris sont fournis en lapins, qu'il y a beaucoup de parcs en garenne qui fournissent cette capitale; mais je sais aussi que les lapins sont presque toujours fort cher dans les marchés, et que, s'ils étaient plus communs et à meilleur compte, on en mangerait davantage, et chacun y trouverait son profit: le commerce de la chapellerie y gagnerait beaucoup, et c'est un point important, comme je l'ai déjà dit, d'accroître nos productions agricoles, surtout celles qui peuvent servir à satisfaire nos goûts et à augmenter les ressources de notre industrie.

CHAPITRE V.

DES MOYENS DE DISTINGUER UN LAPIN DE GARENNE D'UN LAPIN DOMESTIQUE, ET DE LA DIFFÉRENCE D'UN LAPEREAU A UN LAPIN ADULTE.

Tromper la bonne foi d'un gastronome, donner un gibier pour l'autre et faire manger un lapin de clapier pour un lapin de garenne, c'est ce qu'on a vu de tout tems et ce que l'on verra toujours, lorsqu'on ira acheter les lapins dans les marchés, ou qu'on les mangera chez le traiteur. C'est une bagatelle pour les hommes indifférens sur les suavités et les agréables saveurs de la cuisine, que d'être trompés sur un plat; la susceptibilié de leur goût ne se trouve point effarouchée du plus ou du moins de finesse; du reste ils croient sans voir, ils avalent une chose pour l'autre, l'apparence leur tient lieu de la réalité ; et que leur importe que ce soit du sauvage ou du domestique qu'on leur donne, pourvu que leur estomac soit satisfait? Mais un gastronome doit être difficile, attendu qu'il a de la prétention, et si on le trompe, il ne pardonnera pas, parce que son amour-propre se trouve offensé de ce qu'on le fait passer pour un ignorant sur le point sur lequel il croyait avoir le plus de science, et il conservera long-tems sa rancune sur le traître qui l'a surpris , à moins qu'on ne lui fasse entendre que la préoccupation lui a fait prendre des mangeurs de choux pour des mangeurs de serpolet.

Pour éviter toute querelle et surtout tout ressentiment de la part de ces hommes qui ont une si grande influence sur le commerce de la bouche, je crois qu'il est essentiel de faire apprécier les lapins de tous les âges et de toutes les conditions à ceux qui sont appelés par leurs destinées à remuer la casserole et à faire tourner la broche ; il est d'abord trop important pour eux de savoir faire cette heureuse distinction, puisque leur réputation peut dépendre d'une méprise. Quel est le donneur de dîners qui garderait un cuisinier assez ignorant pour ne pas savoir distinguer les races lapines? Olivier de Serre nous raconte que de son tems les traiteurs savaient très-bien tromper leurs hôtes sur ce dont il s'agit; voici de quelle manière il nous raconte comment ils faisaient pour métamorphoser un lapin clapier en lapin de garenne ou en levraut : « Comme tout s'affine avec le tems, on a trouvé par expérience, le chastrer des lapins être un moyen exquis pour les faire venir tendres et gras, à comparer au chaponneau des coqs. Cette science s'est découverte par certains hôtelliers, qui, pour levrauts, donnaient à manger des lapins châtrés après leur avoir suffrané les pattes, couvrant ainsi leur tromperie, afin de les rendre semblables à celles des levrauts. »

Le lapin de garenne est plus petit que celui de clapier; lorsqu'il pèse de

2 livres et demie à 3 livres, c'est tout ce qu'on peut désirer; le clapier pèse 5 à 6 livres; ceux de la grande race en pèsent quelquefois douze. La tête du lapin de garenne est plus grosse, le pelage est généralement plus roux, quoique moins fourni en poil; il a plus de duvet, c'est pour cela qu'il est plus estimé dans la chapellerie; les ongles de devant du lapin de garenne sont tous gros, et beaucoup plus longs que ceux des lapins domestiques; ils sont toujours un peu usés par l'habitude qu'ils ont de gratter la terre. Les poils de la plante de ses pieds sont d'un roux plus foncé. Quoique le fumet soit la chose la plus difficile à saisir, l'habitude le rend appréciable, et par la suite il devient le signe le plus certain pour vous assurer de la qualité et de l'espèce de lapin que vous achetez. Pour s'accoutumer à les connaître par le fumet, on les flaire au ventre; un goût sauvage et un peu fort vous décèle le lapin de garenne. Les marchands de lapins emploient plusieurs ruses pour vendre leurs lapins clapiers comme lapins de garenne: d'abord, comme on l'a vu, ils jaunissent un peu les pattes, ensuite ils

leur font griller les pieds ; mais avec un peu de tact et en examinant avec attention, on reconnaît facilement la fraude; d'ailleurs le lapin clapier est toujours plus gras et il a la tête plus longue ; le vieux lapin, soit mâle ou femelle, à la chair dure et sèche, le jeune, au contraire, l'a tendre, suave et succulente : la différence est par conséquent énorme dans le manger. Le lapereau a le nez pointu et les oreilles plus tendres que les vieux lapins; l'usage apprend aussi facilement à les distinguer; mais lorsqu'on veut s'assurer si le lapin qu'on vous offre est jeune ou vieux, il faut le tâter sur le dehors des pattes de devant au-dessus des joints ; si vous y trouvez une grosseur comme une petite lentille c'est une preuve qu'il est jeune.

Le lapin de garenne a passé de tout tems parmi les connaisseurs comme un gibier des plus fins et des plus délicats, et il fut toujours recherché par les plus célèbres gastronomes; dès que le goût et la mode l'appelèrent à venir relever le luxe de nos tables, les cuisiniers amateurs et habiles ne manquèrent pas de l'habiller de toutes les façons et d'inventer pour eux des sauces nouvelles.

Les fastes de Comus sont remplis de mille moyens ingénieux pour apprêter les lapins et pour les présenter à l'œil de l'amateur sous des formes nouvelles. Le lapin se fait rôtir ; on fait du lapin à la sauce au poulet, du lapin aux concombres, du lapin mariné, du lapin au coulis de lentille, du lapin à la bourgeoise, du lapin en bigarrure, en hachis, en matelotte, en salade, aux petits pois, au père douillet, aux fines herbes, à la galantine, au paupeton, aux pistaches, en tortue ; je ne finirais pas si je voulais rappeler toutes les modes de cuisine auxquelles on a soumis le lapin ; mais, ce qui doit paraître assez clair, c'est qu'il faut que le lapin soit d'un bon manger puisqu'il est recherché par tout le monde ; c'est aussi un bon gibier que l'on peut se procurer facilement et à bon compte. Jusqu'ici je ne me suis occupé que du lapin de garenne ; on sait que l'on comprend sous cette dénomination les lapins sauvages, soit ceux des bois, soit ceux des buissons, ainsi que les lapins qui vivent en terrain clos, soit dans les parcs, soit dans tout autre endroit clôturé. Quelque supériorité que l'on trouve dans ces lapins, tant du côté du fumet que du côté de la tendreté, il ne faut pas croire que les lapins domestiques soient à dédaigner, et que la différence dans les qualités de ces deux races soit fort grande; j'ai déjà dit que les amateurs et les habitués pouvaient seuls faire la distinction de leur chair, et lorsque le clapier est bien nourri et bien élevé, s'il n'est pas aussi agréable pour le fumet, il est au moins aussi tendre et aussi savoureux. Cependant des précautions mal fondées, le peu de soin dans leur éducation qui rend leur mortalité commune, ont fait penser que les lapins domestiques ne produisaient rien que des peines et de l'embarras; il faut bien montrer qu'ils produisent quelque chose de plus, et que ceux qui ont raisonné ainsi se sont trompés dans leur calcul : c'est ce qui me reste à faire pour remplir la tâche que je me suis imposée.

—

CHAPITRE VI.

DU CLAPIER.

On appelle clapier une petite garenne, soit couverte, soit en plein air, que les gens de la campagne se font dans l'intérieur de leur maison, pour leur usage.

Celui qui veut élever des lapins ne va pas s'amuser à lire les divers ouvrages de nos agronomes pour apprendre à faire un clapier convenable et sain; il se sert du premier endroit de sa maison qu'il trouve libre, et souvent c'est le plus incommode; voilà pourquoi on voit ces animaux tantôt dans une cave, tantôt dans un grenier, tantôt dans un toit à porc, tantôt dans une chambre tapissée. Cette manière de placer indifféremment les lapins dans le premier endroit venu, est loin d'être favorable à leur prospérité qui est le but que l'on se propose; ces animaux se trouvant, la plupart du tems, dans des bâtimens humides et froids ne se multiplient pas, les femelles meurent, les portées se font mal, les lapereaux sont caduques et grêles; on se plaint du peu de succès de l'entreprise, on s'en dégoûte, et l'on dit partout que les lapins ne sont bons que pour donner de l'embarras, et qu'ils coûtent plus qu'ils ne valent.

Ce sont ces plaintes, si souvent répétées et si facilement crues, qui ont dégoûté les gens de la campagne d'avoir des lapins, et qui leur ont fait conserver, contre ces animaux, une certaine prévention qui ne saurait se justifier. Dans toute opération, soit industrielle, soit agricole, il vaut mieux le savoir faire que le savoir : avant de condamner les lapins et de rejeter leur éducation, apprenez à les apprécier dans tout ce qu'ils ont d'avantageux pour l'économie domestique, et pour cela logez-les, nourrissez-les convenablement, afin que leur rapport soit ce qu'il doit être.

D'ailleurs, avant de proposer aux gens de la campagne de faire des clapiers convenables et sains, et pareils à ceux dont Desmarets et Sylvestre nous font la description, posons cette question aux agronomes: Les lapins peuvent-ils compter comme produit agricole? l'économie domestique peut-elle en retirer un avantage?

Si je consulte Olivier de Serre, il m'apprend que les lapins sont d'un grand produit; il est vrai que Rosier, qui vint long-tems après lui, appelle les lapins des animaux exécrables qui rongent et dévorent toute végétation: il recommande de les détruire et même d'en exterminer la race; il souhaite qu'avec la petite vérole et la clavelée, dont ils se trouvent par fois attaqués, la peste et la famine puisse se joindre pour les anéantir. Mais Bosc arrive après Rosier; moins ennemi des lapins, et sachant les juger avec plus de justice, il les proscrit des champs; mais il recommande fortement d'en élever dans les clapiers, et soutient que ces animaux sont d'un grand produit; qu'en les élevant comme il convient, ils ne reviennent pas à plus de deux sous pièce. Il déplore l'indifférence dans laquelle les gens de la campagne sont sur l'éducation des lapins; il voudrait un clapier dans chaque manoir, et il cite comme une chose inconcevable, certains départemens de la France, où l'on ne trouve pas un clapier (*). Une opinion si respectable nous doit faire suspecter celle trop défavorable de Rosier, et nous devons y être d'autant plus fondé, que Silvestre et d'autres écrivains démentent formellement cet auteur sur le point le plus important de sa diatribe. Rosier dit que dix lapines mangent autant qu'une vache, et les agronomes modernes soutiennent qu'une vache mange autant que soixante lapins; enfin, tous les auteurs contemporains s'accordent à dire que les lapins sont d'un grand rapport et d'une grande ressource dans un ménage, et tous s'appuient sur des faits qui ne nous permettent point de douter de la vérité. Il faut donc, pour faire revenir les villageois de leurs préventions contre les lapins, leur donner les moyens de les élever comme il faut, et avec économie, car ce dernier point est le plus essentiel.

Premièrement, pour ce qui est de ceux qui élèvent des lapins par spéculation,

(*) Voyez *Encyclopedie méthodique*, chapitre *Lapin*.

il leur est essentiel d'avoir le clapier le plus convenable et le mieux composé, attendu qu'ils tiennent au nombre; et, dans ce cas, un peu de dépense n'est point inutile. Il faut qu'ils établissent leur clapier dans un bâtiment un peu exhaussé, et confrontant le midi et le levant, comme le recommande Olivier de Serre. Il faut que ce bâtiment ait de trente-six à quarante pieds de large, et plus si cela convient; s'il peut être un peu incliné du côté de la porte, cela n'en vaudra que mieux. La première condition pour un clapier, est qu'il ne soit ni humide ni froid, et qu'il soit aéré par des fenêtres grillées. La fondation des murs environnans doit s'enfoncer à un mètre et demi, ou deux mètres, et le clapier être pavé ou ferré à cette profondeur, afin que les jeunes lapins puissent fouiller la terre, et soient arrêtés par cette barrière insurmontable; car, quoi qu'on en dise, les lapins fouillent la terre à l'état de domesticité, comme dans celui de liberté. Le sol pierreux, recouvert de terre, il faut y placer des cabanes pour les mères; ces cabanes doivent être élevées à dix-huit ou vingt centimètres de terre, et être construites de lattes très-serrées, ou en planches fortes qui résistent à la dent du lapin, et entre elles un libre passage à l'air; leur grandeur doit être de soixante-quinze centimètres à un mètre en tout sens. Le fond doit être plein, soit en plâtre, soit en planches; il faut lui ménager une inclinaison douce d'avant en arrière, et quelques trous de distance en distance, pour faciliter l'écoulement de l'urine, qui est forte et infecte. Leur porte latérale doit s'ouvrir facilement, et donner passage à la litière, qu'il faut renouveler de tems en tems. Chacun des cabinets doit être garni d'un petit ratelier de la forme de ceux qui sont en usage dans les bergeries; il sert à recevoir les fourrages verts et secs qui sont destinés aux lapins, et à les empêcher de les fouler et de les perdre. Il faut aussi que la cabane soit fournie d'une sébile pour le son et la graine qu'on doit donner particulièrement aux mères nourrices. Ces cabanes doivent être bien fermées, afin que les lapereaux ne puissent pas sortir à travers les barreaux; souvent ils s'étranglent et périssent en voulant passer dans le commun général. Un clapier de la capacité désignée ci-dessus, peut contenir de vingt à vingt-quatre loges, dont deux pour les mâles, et deux autres qui doivent être le double des premières qui serviront aux jeunes lapins de cinq à six semaines, lorsque leurs forces ne leur permettent pas de courir dans leur clapier. Il faut ajouter au bâtiment qui renferme les cabanes, une galerie extérieure et ouverte, dans laquelle les lapins puissent aller prendre l'air et s'exposer au soleil. J'ajouterai à cette description, qui est littéralement transcrite de Silvestre, que l'on doit placer au milieu du clapier un vase plein d'eau, auquel on donnera un point d'appui. L'opinion commune est, que les lapins ne boivent pas. Sonnini et Desmarest disent qu'ils ne sont pas différens en cela des autres animaux, et qu'ils aiment à se désaltérer quelquefois. Voilà pourquoi ils conseillent de placer un vase d'eau dans le clapier.

On doit bien croire que si on recommandait aux gens de la campagne de faire un pareil clapier, pour y placer leurs quelques lapins, ils ne nous écouteraient pas, et ils n'en élèveraient pas moins des lapins. Car enfin, ils ne voudraient pas sacrifier deux années de profit que pourraient leur procurer 30 ou 40 de ces animaux, pour les loger splendidement; aussi je laisse à ceux qui veulent comme je l'ai dit, avoir des lapins pour revendre, le soin de leur construire un pareil logement, et je reviens au mode simple de les loger, et qui convient au plus grand nombre, je veux dire à ceux qui ne veulent tenir des lapins que pour en manger de tems en tems en famille. D'abord quelque porté que l'on soit à placer ses lapins dans les recoins de la maison, et dans les endroits les plus oubliés, on doit toujours se soumettre aux moyens d'hygiène que la santé de ces animaux exige. Les apins craignent comme je l'ai dit, le froid et l'humidité; par conséquent il leur faut avant tout un endroit sec exposé le plus possible aux rayons du soleil; leurs excrémens et leur urine exhalent une odeur infecte, et sont susceptibles dans les chaleurs d'engendrer des miasmes délétères; leur logement doit donc aussi être aéré, afin que les courans d'air, puissent renouveller souvent l'atmosphère qui l'entoure; ainsi il peut y avoir de l'inconvénient à faire un clapier d'un toit à porc, parce que cet endroit est toujours humide; mais en remplissant les conditions exigées pour leur santé, on peut loger les lapins dans un grenier, dans une bergerie, dans un poulailler, dans une chambre, dans une basse cour, et en enfin, par tous les coins de la maison; mais un villageois peut convenablement et facilement les placer dans une basse-cour ou dans un petit coin de jardin; que l'on clôt avec quelques planches, on n'a guère dans ces sortes d'établissemens, que les chats à surveiller, mais les chats, par crainte et par nécessité sont forcés de devenir circonspects et fidèles. Si auparavant, on leur a fait sentir par quelques vigoureuses leçons, que l'on ne veut pas qu'ils aillent visiter les lapins ils seront obéissans et fidèles. Du reste, les chats n'attaquent que les petits lapereaux. On pourrait à la rigueur transporter ceux-ci, dans un petit endroit couvert. Si je tiens beaucoup à ce que les lapins soient à découvert, c'est que je sais que l'air, le soleil. la faculté de courir dans un espace plus étendu, est pour eux d'un grand avantage et que de cette manière il ne sont jamais malades et sont toujours féconds. Si on n'a pas la commodité de les placer dans une basse-cour ou dans un petit enclos, il faut faire en sorte de les placer dans une chambre de 7 à 8 pieds de long sur autant de large, solidement platrée, carrelée et un peu en pente. Pour procéder avec économie à la formation de mon clapier, voici comme je faisais à la campagne; je choisissais un endroit suffisamment grand aéré, par une fenêtre peu élevée; je faisais mes loges avec des planches seulement soutenues par des pierres, je séparais mon clapier en trois parties avec des planches, ou avec un espèce de clayonnage, et chacune de ces séparations, servait aux lapins de différens âges, je donnais à la partie réservée pour les hases pleines, un peu plus d'étendue; je faisais en sorte que les clayons ou les planches qui servaient de mur de séparation pussent se lever à volonté afin que, lorsque je voulais nettoyer mon clapier, je pusse le faire sans beaucoup d'embarras. Je ne tenais point à la forme ni à la dimension des loges, je tâchais pour tant de les faire plus longues que larges, et toujours assez grandes pour que les lapins eussent de quoi se retourner et faire leur nid; mais je leur donnais une position un peu inclinée, pour faciliter l'écoulement de l'urine. Ces sortes de clapiers ne peuvent convenir qu'à un petit nombre de lapins; on peut les faire dans un jour et sans aucun frais, car on fait des clayons soi-même, si on n'a pas de planches à sa disposition ; on peut y entretenir un mâle et deux femelles, qui toujours dans une heureuse fécondation, peuvent donner soixante lapins par an que l'on a le soin de manger par rang d'ancienneté, en réservant toujours sur la dernière portée un mâle et deux femelles, pour renouveler les vieux lapins au tems convenable. De cette manière, on aura un petit nombre de lapins et toujours quelques-uns propres à être mangés, qui ne coûteront que l'herbe que l'on fera ramasser dans les champs ; et c'est dans ce sens qu'il faut entendre Bosc, lorsqu'il dit que les lapins ne doivent pas revenir à 2 sous pièce à un villageois, et que les portées de 2 femelles peuvent lui faire 18 à 20 francs de rente, par les peaux de 60 à 80 lapins.

Dans le siècle passé, on faisait beaucoup de clapiers pour alimenter les garennes, et on en faisait au milieu des garennes mêmes; ces sortes de clapiers étaient grands et le plus souvent à découvert; on pense bien qu'alors il fallait les loger avec plus de soin, et surtout les couvrir un peu mieux, attendu que la pluie, la neige, pénétrant dans la loge des nourrices auraient engendré la pourriture et d'autres maladies. Mais aujourd'hui cette industrie agricole devant s'étendre sur toute la classe de villageois la moins aisée, et les clapiers n'étant pour l'ordinaire que de petits recoins de basses-cours ou de jardins, couverts par une toiture en chaume, il n'est pas nécessaire de faire les loges avec tant d'art, et je pense que les lapins n'exigent pas cela. J'ai vu pourtant dans le midi des loges à lapins faites avec des terres argileuses et marneuses détrempées en forme de ciment; j'en ai vu en briques bombées, en pierre, en troncs d'arbres, et les lapins y faisaient leur nid et ils y pullulaient. Les loges à lapins en pierre ou en terre détrempée ne sont pas les meilleures, mais elles sont suffisantes et ne sont pas si faciles a être attaquées par la dent des lapins.

De toutes ces considérations, on doit conclure, qu'excepté un lieu humide, ou dont l'air est concentré, tous les endroits d'une maison sont propres à à faire des clapiers, que les ustensiles, pour les clapiers; doivent se borner à une pelle, un ballet de bouleau ou de bruyère, et un panier grossier pour enlever les ordures; que dans son intérieur il ne doit y avoir que des loges que l'on fait soi-même, et qu'enfin rien ne peut obliger un villageois à faire la moindre dépense pour former un clapier. Il me semble qu'alors, les lapins doivent être tout profit pour ceux qui en élèvent, car pour leur nourriture, il me sera aisé de montrer qu'elle ne coûte pas plus que le clapier, mais ce sera le sujet d'un nouvel article.

CHAPITRE VII.

DES VARIÉTÉS DES LAPINS DOMESTIQUES, DE LEURS QUALITÉS PARTICULIÈRES, ET DE CEUX QUE L'ON DOIT PRÉFÉRER POUR PEUPLER UN CLAPIER.

Les lapins domestiques ont acquis sous l'influence de l'homme, un degré de docilité et des habitudes sociales remarquables; la personne qui les nourrit est pour eux un roi qui les gouverne et les régit à volonté; ils obéissent à son appel, ils courent autour d'elle, ils flairent ses jambes et ses habits, ils se laissent prendre et manier; ils sont tellement susceptibles d'attachement, que les nourrisseurs de ces animaux usent souvent de cet avantage pour les élever comme on fait des chiens et des chats : on en a vu qui battaient le tambour et qui couraient après les chiens. Lorsqu'on a rendu les lapins familiers dans une maison, ils se font craindre des chats et se défendent bien s'ils s'en trouvent attaqués, ce qu'ils ne font pas dans l'état sauvage; mais la plus grande influence que l'homme ait exercée sur le lapin dans son état de domesticité, c'est sous le rapport du pelage. On ne doit point supposer que ce soit dans l'état sauvage que les lapins domestiques ont pris les diverses nuances qui distinguent leurs poils, et tout porte à penser qu'il est arrivé à ces animaux la même chose qu'aux chats, je veux dire que leur isolement dans les pays lointains en a fait dégénérer l'espèce, que des inégalités physiques sont nées de ce dépérissement, et qu'elles ont donné des variétés constantes. Les variétés de l'espèce lapine dérivent de la couleur et de la qualité du poil, et sous ces deux rapports, on possède le lapin blanc, le lapin noir, celui qui est marqué de plusieurs couleurs, le roussâtre, le lapin riche, l'angora, et le gris cendré qui est le plus commun.

Parmi cette dernière variété, il s'en trouve plusieurs races d'une grosseur peu ordinaire; on dit que l'Amérique en possède une dont les individus pèsent de 18 à 20 livres. J'en ai vu une dans le Languedoc que l'on suppose avoir été propagée par M. Lormoy, qui pèse 10 à 12 livres. Pour ce qui tient à la couleur, les variétés blanches, noires et roussâtres ne sont pas permanentes: une hase noire ou blanche couverte par un lapin de même couleur donne toujours quelques lapins gris cendré, mais les lapins gris cendré ne donnent que des petits de la même couleur. Ainsi les lapins riches ou argentés, les lapins angoras et les lapins gris-cendré doivent être considérés comme les seules variétés de l'espèce. Quant aux races communes, elles dérivent de la localité et des manières de vivre; on peut les multiplier à volonté et dire comme des moutons : race espagnole, race anglaise, race montagnarde; mais comme les lapins ont partout la même manière de vivre, et que leur organisation physique est à peu près la même, je ne dois point m'arrêter sur un pareil sujet, d'autant plus qu'il n'offre rien d'intéressant; je dois seulement observer, pour ce qui est de la qualité des lapins quant au pelage, que la chair du lapin blanc est plus estimée que celle du noir et du gris commun, que sa peau a encore plus de prix : le lapin noir et le lapin roux ont encore un pelage plus estimé que celui de ce dernier. Reste à savoir donc entre les 3 variétés permanentes, c'est-à-dire, entre le lapin angora, le lapin riche et le lapin commun, laquelle on doit préférer pour élever dans le ménage, comme la plus avantageuse et la moins embarrassante.

Le lapin angora a la taille des lapins ordinaires; son poil est long, soyeux, épais, et dans le tems de la mue, ces poils se tournent en tire-bouchon, une partie se détache du corps et le rend difforme; le poil de ces lapins est très-recherché dans le commerce pour les ouvrages de tricot, les gants, la bonneterie, etc. On peut plumer ou épiler le lapin, deux fois par an, pour en recueillir le poil. Cette opération se fait spécialement dans l'été, et au tems de la mue; quelques personnes peignent le lapin pour en retirer le poil qui est alors très-peu adhérent à la peau; d'autres, tout simplement, arrachent ce poil. Le lapin angora se multiplie assez bien; c'est celui que, à cause de la beauté de son poil, on tient le plus à élever, et il est le plus commun dans les campagnes aux environs de Paris. Cependant je crois que ce lapin est plus délicat, plus sujet aux maladies, et beaucoup moins fécond que le lapin gris ordinaire.

Le lapin riche ou argenté, ainsi appelé à cause de la beauté de sa fourrure, a le poil d'un gris argenté, et en partie couleur d'ardoise, extrêmement serré et fourni de duvet. Sa taille est ordinaire, ses mœurs sont un peu plus sauvages que celles des autres variétés; il est généralement commun dans tous les pays à lapins, surtout en Angleterre, dans les garennes et dans les champs; en Danemarck, sur les dunes; en Espagne, dans les bois et sur les montagnes; en France, dans la Champagne et dans la Bourgogne. La peau du lapin riche est beaucoup plus estimée que celles des autres lapins, et elle se vend le triple : elle sert de fourrure, et les pays du nord en font un grand usage. La chair du lapin riche est excellente, et tout dans cette variété est excellent; mais il est moins fécond que les autres variétés, et il est sujet aussi à la mortalité. Le lapin gris cendré ou commun se trouve partout pays où l'espèce peut habiter, il est très-fécond, et c'est cette qualité qui me le ferait préférer aux autres; mais il a encore l'avantage d'être facile à nourrir, à loger et à conserver; parmi cette variété on en voit de fort gros : ce ne sont ni les meilleurs ni les plus avantageux. J'ai élevé de ces lapins dans le tems, qui ne me donnaient que trois ou quatre portées par an, et quelque soin que je prisse, elles mouraient souvent; je ne saurais dire par quelle cause, je la suppose pourtant exister dans l'indifférence de la mère.

Quelle que soit la différence qui existe

entre les variétés des lapins, on peut les élever toutes avec avantage : l'angora et le riche, à cause de son poil; le gris cendré commun, à cause de sa fécondité. Dans les pays fournis en plantes aromatiques et nourrissantes, les lapins angoras et riches prospéreront mieux que dans les pays du nord; et les communs qui prospèrent partout seront plus avantageux dans le nord et dans l'ouest, à cause de la facilité que l'on a de les nourrir; ainsi, ceux qui élèvent des lapins par spéculation et comme un objet de commerce, doivent s'établir sur ces données, et pour les personnes qui ne tiennent ces animaux que pour en avoir à manger dans le courant de l'année, je leur conseillerai d'avoir des angoras ou des riches.

CHAPITRE VIII.

DES SOINS POUR LE CLAPIER.

Un clapier aéré et non humide, ai-je dit, est ce qui convient le mieux aux lapins. Il est donc convenu que, lorsqu'il fait beau, il faut en laisser les fenêtres ouvertes, et que, dans des tems de pluie, ou par des vents humides, il faut les fermer en laissant pourtant, dans ce cas, quelque accès à l'air extérieur; car, le point le plus important pour la santé des lapins, est que l'air de leur clapier soit souvent renouvelé. Ces animaux pissent beaucoup, et leur urine est forte et pénétrante comme celle des chats mâles; ils font beaucoup d'excrémens, qui sont considérés comme un engrais aussi bon que celui des moutons, et qui, par conséquent, est très-fort et très-consommé. C'est encore une raison de plus pour renouveler continuellement l'atmosphère qui entoure ces animaux, si on ne veut point les voir mourans de méphytisme, et pour atténuer l'effet des exhalaisons délétères qui émanent de leurs excrétions naturelles. Il faut encore approprier souvent le clapier, à cet effet, une fois par semaine au moins. On change, ou plutôt on renouvelle leur litière, en mettant sur celle qui est déjà foulée, une couche de paille fraîche. Cette litière ne doit pas être beaucoup accumulée dans le bâtiment; tous les quinze jours il doit en être entièrement débarrassé. Il ne faut pas oublier de nettoyer les loges; l'air y est concentré, les lapins y font de longues stations, et par conséquent les salissent facilement et bientôt. Lorsqu'il se trouve quelques loges qui contiennent des nids de lapins, il faut s'abstenir, pendant quelque tems, de les visiter; si la mère se trouvait par trop tourmentée, elle abandonnerait ses petits. Il ne faut pas oublier que la chose la plus désobligeante que l'on puisse faire aux femelles, de quelque genre d'animal que ce soit, c'est de les déranger, ou de les déplacer lorsqu'elles allaitent. D'un autre côté, ces nourrices sont alors plus difficiles, plus craintives, et même plus farouches; le moindre remuement les importune, et la présence même de celui qui les nourrit ne les rassure pas contre cette espèce de frayeur vague, mais permanente, que la tendresse maternelle porte avec elle. Chaque vertu naturelle a son caractère propre ; celui de la maternité, c'est de rendre timides et craintifs les animaux faibles et sans défense, et de donner du courage et de la fermeté à ceux qui ont de la force et des moyens d'attaque. Ainsi, la chatte, la lionne ne se laissent approcher par aucun animal, lorsqu'elles allaitent ; et la brebis et la lapine ne pouvant s'opposer aux visites importunes, les souffrent ; mais leur tendresse en est alarmée, et elles manifestent leur déplaisir par la crainte et la frayeur. Pour se faire une idée des torts que l'on peut s'occasioner en dérangeant ou en déplaçant les lapines qui allaitent, il faut savoir apprécier les précautions anticipées que prennent les hases des lapins sauvages; quinze jours avant de faire leurs petits, elles quittent le commun général auquel, sans doute, elles tiennent beaucoup; elles vont faire un petit terrier non loin de là, pour être plus tranquilles et plus isolées. Du moment qu'elles ont mis bas, elles restent nuit et jour sur leur nid, excepté lorsque la faim les presse; mais alors, quelque courte que soit leur absence, elles ont le soin de clore leur rabouillière avec un ciment qu'elles font avec leur urine. Cependant, malgré l'attache qu'elles ont pour leurs petits, ces mères prévoyantes les fuient et les abandonnent si quelque individu, soit de leur espèce, soit d'autre, vient les déranger dans ces sortes de choses. L'analogie doit nous servir de base pour asseoir notre jugement; car, quelque grand que soit l'état de domesticité du lapin de clapier, il ne faut pas penser qu'il ait détruit en lui les affections originaires; et la preuve est que, si vous dérangez deux ou trois fois une lapine nourrice de sa loge, elle n'ira plus, et elle abandonnera indéfiniment ses petits. Pour pouvoir laisser plus long-tems les loges des nourrices sans être nettoyées, il est nécessaire de les construire de manière qu'il y ait des fentes ou des trous par où l'air puisse circuler.

Indépendamment que l'on doit nettoyer le clapier et le déblayer de sa litière, au moins tous les quinze jours, ce que l'on fait avec un fort ballet de bouleau ou de bruyère, et un pelle en bois ou en fer, il faut encore le laver tous les trois ou quatre mois, surtout après l'hiver, et sur la fin de l'automne; par ce moyen, il se trouve toujours sain et propre. Lorsqu'on veut laver le clapier, on change les lapins dans un autre endroit; on enlève les loges et tout ce qui est dans le clapier, et avec une grande éponge imbibée d'eau, on lave le carrelage et le bas des quatre murs. Si le clapier contient en dessus du carrelage une couche de terre, on l'enlève : c'est un bon engrais que l'on a soin de mettre à profit ; on remet sur le carrelage une nouvelle couche de terre : on ouvre toutes les fenêtres du clapier et tous les grillages : on le laisse trois ou quatre jours prendre l'air; lorsqu'on ne sent plus l'odeur des lapins, on y transporte de nouveau ces animaux. C'est avec de pareils moyens que l'on parvient à les entretenir sans maladie ; et ces moyens n'exigent, comme on le voit, que la perte d'un peu de tems. Je ne parle pas ici d'écarter les animaux sauvages, ni même les chats, ennemis naturels des lapins; je pense que dans tout clapier clos, il leur est difficile, pour ne pas dire impossible, d'aller faire curée. Ainsi, tout bâtiment destiné à contenir des lapins, qui fournirait une issue à ces animaux pour pénétrer dans son intérieur, ne remplirait point le but indiqué. Mais les rats mangent aussi les petits lapins, et ils les sentent de loin; ils ne se font pas difficulté de se pratiquer des trous dans le clapier, et d'aller dévorer les jeunes lapereaux. On doit donc avoir le soin, lorsqu'on voit des trous à rat, d'y placer quelques appâts empoisonnés; et, lorsqu'on voit qu'ils s'en sont emparés pour s'en nourrir, on bouche les trous avec le ciment naturel, de la chaux et du sable. En général, les petits animaux rongeurs, la taupe, la souris, le mulot, importunent les lapins. Du moment que l'on voit dans le clapier un trou de formé, soit petit, soit grand, le plus prudent est de le boucher; on ne doit pas aussi visiter trop souvent son clapier : les lapins aiment la tranquillité : manger et dormir, voilà leur vie; et c'est à peu près celle de la plupart des quadrupèdes. Il faut donc leur laisser le repos; puisque les visites trop fréquentes, loin de les apprivoiser, les effarouchent ; et ils ne se rendent pas si familiers et si dociles. Enfin, visiter deux fois par jour son clapier, le soir et le matin, changer, renouveler la couche de litière deux fois par semaine, nettoyer complétement le clapier tous les quinze jours, le laver deux ou trois fois par an, avoir toujours dans un coin du clapier une pelle, un ballet et un panier, pour enlever, au besoin, les ordures ; empêcher les rats de se frayer un passage dans l'intérieur, voilà à peu près ce que ce genre de bâtiment exige pour être bien soigné.

CHAPITRE IX.

COMMENT ON DOIT NOURRIR LES LAPINS, ET DU CHOIX DES ALIMENS.

A quoi bon consacrer un article, me dira-t-on, pour indiquer la manière de nourrir les lapins et le choix que l'on doit faire des alimens qu'on leur donne, puisque ces animaux mangent tout et ne sont pas délicats? Je dis que l'on pourra me parler ainsi, parce que la plupart des peronnes qui élèvent des lapins, ne s'occupent guère de régler la nourriture de ces animaux, ni de faire un choix des herbages qu'elles leur donnent. Il est cependant tout naturel de penser que l'état de domesticité des lapins, a changé un peu leurs dispositions naturelles en les rendant esclaves de nos volontés et de nos goûts, qui ne sont pas toujours ceux de ces animaux. Les lapins sauvages ont une table toujours mise, et la terre leur offre un couvert de trente mille plats différens; ils peuvent choisir, et ils choisissent effectivement, et avec une discrétion et une délicatesse que l'espèce raisonnable n'a pas. Aussi n'ont-ils ni indigestions ni maladies; mais les lapins domestiques mangent ce qu'on leur donne, et forcent souvent leur appétit, parce qu'ils n'ont pas toujours à leur choix et à leur disposition des herbes à brouter. De là, naissent les maladies du système digestif, qui souvent les maigrissent et et quelquefois les font mourir. En jugeant par analogie, il paraîtrait que l'on ne devrait donner à manger aux lapins que le matin et le soir, puisque c'est à ces deux époques de la journée, que les lapins sauvages vont au gagnage : cependant, persuadé que ces animaux peuvent relever et relèvent à toute heure du jour pour manger, si j'élevais des lapins pour mon agrément, je leur donnerais à manger trois ou quatre fois par jour, et toujours des herbes fraîchement cueillies; il me semble que de cette manière, je remplirais mieux les intentions de la natnre, car elle n'a pas indiqué aux animaux les heures des repas, c'est une concession que l'homme social a faite de ses dispositons naturelles, que la règle établie de manger à une heure déterminée. L'estomac est un organe qui ne demande pas à être forcé dans son action, mais qui veut toujours agir.

C'est sans doute pour cela, qu'excepté l'homme, tous les êtres vivans mangent à toute heure du jour lorsqu'ils ont faim, je veux dire lorsque leur estomac réclame pour l'emploi de sa force agissante. Car la faim n'est autre chose que la nécessité où se trouve cette force de ne pouvoir agir sur elle-même faute d'alimens.

Tout persuadé que je suis de l'avantage qu'il y a de donner à manger aux lapins plusieurs fois par jour et peu à la fois, je ne dois point conseiller cette méthode parce qu'elle fait perdre beaucoup de tems, et que dans l'état domestique, comme ailleurs, il faut être persuadé avec Virgile, que le tems perdu est irréparable. Donnez donc à manger deux fois par jour à vos lapins; le matin, une ou deux heures après le soleil levé, et le soir une heure après le soleil couché. Donnez-leur un peu plus le soir que le matin, par la raison que les lapins mangent toute la nuit, et que la plus grande partie du jour ils sont à dormir Donnez-leur des alimens raisonnablement, je veux dire ni trop, ni trop peu. On reconnaît qu'on leur a donné trop, lorsque, en leur portant à manger une seconde fois, on trouve une partie de leur repas sans être mangée, et par la même raison, si on ne leur a pas donné assez, ils ont mangé tous leurs alimens, et rongé jusqu'aux tiges les plus dures. Le suffisant, le nécessaire, sont dans ce cas-là si importans, que si on leur donne trop à manger, ils ont des indigestions et des dévoiemens qui leur sont funestes, et si on ne leur donne pas assez, ils maigrissent et deviennent étiques. Les herbes qu'on donne aux lapins ne doivent point être mouillées ; si on les a cueillies par un tems de pluie ou par la rosée, on les étend un peu avant pour les faire ressuyer. On les donne à ces animaux en les étendant par couche sur leur litière.

Autant qu'il est possible, on doit nourrir les lapins avec des herbes fraîches et cueillies dans les champs. Celles qu'on appelle potagères, leur sont bien agréables, mais elles ne sont pas favorables à leur santé, ni à la qualité de de leur chair ; un lapin nourri de choux sentira toujours le chou et aura la chair flasque et sèche tout à la fois, car ce n'est pas par prévention ni pour faire de l'esprit, que Boileau a dit :

Sur un lièvre flanqué de trois poulets étiques
S'élevaient trois lapins, animaux domestiques,
Qui dès leur tendre enfance élevés dans Paris,
Sentaient encor le chou dont ils furent nourris.

C'est une vérité dont tout le monde peut se convaincre par sa propre expérience; aussi les lapins des villes et surtout ceux de Paris, ne sont-ils pas à comparer à ceux que l'on élève dans la campagne.

Les lapins doivent être nourris avec des herbes qui tirent leur force et leur arôme de l'humus terrestre et des principes fertilisans qui couvrent le sol. Les plantes potagères ne végètent qu'à force d'eau et de fumier; elles sont sans saveur, sans odeur et sans force; elles ne peuvent pas être pour les lapins une nourriture profitable : ainsi, ne donnez à vos lapins que dans des cas rares et nécessiteux, des feuilles de choux, de carottes, de raves, de salades, de betteraves. Nourrissez-les avec les plantes odoriférantes, comme les serpolets, les mourons, les seneçons, les soucis de vignes, les feuilles de vigneset d'ormes, les laiterons, la luzerne, le trèfle et toutes les espèces de foin. Ne les accoutumez pas à une nourriture trop aqueuse; les plantes de l'hiver ainsi que celle de l'automne, ont peu de vertus nourrissantes; on doit, dans ces deux saisons, préférer leur donner des feuilles sèches que l'on a préparées dans le beau tems, ou bien les nourrir avec du foin, du trèfle et du son. Il y a encore un choix à faire dans les alimens, par rapport à l'âge des lapins ; le jeune lapereau demande à être nourri avec des herbes tendres; les serpolets naissans, les jeunes pousses de sarriette et d'origan leur conviennent, ainsi que la renouée, la centinode, la verge dorée, et toute la familles des bétoines. Le lapin adulte, celui qui a atteint son sixième mois, peut être élevé moins délicatement; on peut lui donner à ronger des branches d'arbres et des sarmens de vignes avec leurs feuilles; ils mangent les asclépias, les saponaires, les lavandes, les feuilles de thym, de romarin, de menthe, de mélisse, etc. Les femelles qui allaitent ont besoin d'une nourriture plus substantielle et plus forte. On leur donne du son, de l'avoine, de l'orge, du trèfle ; on leur laisse toujours des alimens à volonté, afin qu'elles puissent manger quand elles veulent.

Du reste, chaque province a ses plantes particulières, et ce sont celles qui sont les plus communes, et dont les qualités sont reconnues bonnes pour la nourriture des lapins qu'on leur doit donner. Non-seulement les lapins sont herbivores, mais ils mangent les écorces de tous les arbres, les tiges, les racines, les fruits, les graines; on peut, à la rigueur, lorsque les herbes manquent, les nourrir avec tous ces ingrédiens, enfin excepté les plantes vénéneuses, telles que le stramonium, la chélidoine l'aconit, la jusquiame, le tabac, la ciguë, etc., les lapins peuvent sans danger manger toutes les herbes qu'on leur donne; mais pour avoir de bons lapins, il faut tenir à une nourriture choisie.

CHAPITRE X.

ACCOUPLEMENT.

Si j'étais physiologiste, j'aimerais à approfondir le secret de la nature dans l'acte de l'accouplement des animaux; je méditerais sur cette cause occulte, qui fait que les chaleurs ont des époques périodiques dans les uns, comme dans les moutons et les chats, et qu'elles sont continuelles dans les autres, comme dans les coqs et les lapins.

Celui qui a centralisé les actions des êtres organiques, en leur donnant une origine commune, avait sans doute de fortes raisons pour croire à une âme universelle, lorsqu'il voyait l'univers régi par des lois constantes et invariables. Cependant, tous les corps élémentaires qui agissent fortement sur la matière, tels que le calorique, l'oxigène, etc., ont une action uniforme, égale et soutenue, que rien ne peut modifier, excepté des circonstances accidentelles; d'où vient que ce principe de vie, qui fait naître dans les animaux le besoin de s'unir pour reproduire, n'a pas la même gradation et la même force; pourquoi son action n'est-elle point égale comme ses résultats; serait-ce encore des circonstances accidentelles qui donneraient lieu à une telle anomalie, et l'organisation des espèces mettrait-elle les unes sous l'influence journalière de l'amour, tandis qu'elle en ferait pour les autres un besoin passager et fugitif? Quelque éclairés que nous soyons sur les causes premières, nous avons encore dans l'espace lumineux des sciences naturelles quelques points obscurs, que le génie de l'homme ne peut vaincre; nous sommes dans un siècle où, par le moyen des systèmes et des théories, on peut rendre raison de tout; mais il y a une grande différence entre une chose probable et une chose vraie; les Provinciales de Pascal l'ont appris depuis long-tems aux pères jésuites. Si, en lisant cet ouvrage, quelque lecteur susceptible se trouve formalisé de ce qu'à propos de lapins je discute sur une question de métaphysique, qu'il apprenne que souvent, en raisonnant sur de simples bagatelles, on arrive à la solution des plus grands problèmes. Galilée s'amusait à voir tomber une plume d'une croisée; il raisonna sur la chute de cette plume, et découvrit le poids de la pesanteur; on sait ce qui porta Newton à soupçonner les lois de la gravitation. N'était-ce pas en s'amusant que les bergers de la Chaldée inventèrent l'Astronomie, ou, pour mieux dire, apprirent les mouvemens périodiques des corps célestes? Le génie, pour inventer, comme pour découvrir, n'a pas besoin de grands sujets de méditations. Souvent le hasard l'amène au sublime de l'intelligence.

Et pourquoi les chaleurs des lapins ne porteraient-elles pas à raisonner sur la cause invisible et puissante qui oblige les animaux à s'unir pour perpétuer leurs espèces? Non-seulement les lapins sont en chaleur toute l'année; mais ils jouissent d'un excès de tempérament inconcevable. Le mâle peut couvrir six femelles dans une heure; et chaque jour il est disposé à une pareille opération; la femelle, quoique moins ardente, souffre à toutes les époques les approches du mâle, et il est probable, lorsqu'elle tue ses petits, que ce n'est que pour être plus libre dans ses penchans amoureux. La lapine, toute couverte qu'elle est, peut encore engendrer de nouveau et avoir deux portées, qu'elle met bas à des intervalles peu éloignés les uns des autres. Cette force de tempérament n'est point favorable à la prospérité des races et des individus; et c'est pourquoi il faut savoir la régler. Pour cela, on doit permettre à une lapine de faire seulement sept à huit portées par an, afin qu'elle puisse donner à ses petits les soins convenables, et qu'elle ne s'épuise pas par des actes précipités d'accouplement. Lorsqu'une lapine est en chaleur, ce qu'on reconnaît lorsque sa vulve est rouge, et comme tuméfiée, on la laisse avec le mâle pendant une heure seulement; après ce tems, on la sépare : on la place seule ou avec de jeunes lapereaux dans une partie du clapier, séparée du commun en général, par une cloison en planche ou en clayonnage. Si on a plusieurs femelles, on peut les mettre ensemble jusqu'au terme de leur portée; car, pendant le tems de la gestation, qui est, comme nous l'avons dit, de trente à trente-un jours, elles sont fort tranquilles et fort douces. On fait la séparation du mâle d'avec la femelle, après l'accouplement, parce que cette dernière serait continuellement tourmentée par le mâle, et finirait par se faire couvrir de nouveau: ce qui serait contraire à la prospérité de la premiére portée. D'un autre côté, la lapine a besoin, pour le soin qu'elle a à donner à ses petits, de tranqulilité et d'une pleine liberté : ce qu'elle n'aurait pas, si elle se trouvait vis-à-vis d'un amant ardent et jaloux. Six semaines après qu'elle a mis bas, on peut de nouveau la livrer au mâle, en suivant le même procédé que la première fois, et ainsi de suite. Une femelle de lapin porte cinq à six ans, et même plus;

amais ordinairement, au bout de deux p ns et demi, on la tue, et on fait bien, dearce qu'il est plus avantageux d'avoir pe jeunes lapines que de vieilles, pour veupler son clapier. Elles sont plus vi- ms, plus robustes; elles nourrissent ieux, et sont plus attachées à leurs petits. J'ai dit même quelque part que, lorsqu'on a un clapier fourni annuellement par un mâle et deux femelles, on doit conserver parmi les jeunes élèves deux femelles, et, lorsqu'elles sont en état de porter, je veux dire, lorsqu'elles ont près d'un an, on doit sacrifier les vieilles, pour faire place à celles-ci.

Pour ce qui est du mâle, les accouplemens réitérés ne lui nuisent pas; il peut, au besoin, couvrir plusieurs femelles, mais il est plus sage de ne lui en faire couvrir qu'une par jour. Après deux ans ou deux ans et demi, il doit être sacrifié et remplacé par un jeune, qui, de même que ce que l'on dit à l'égard des femelles, est plus robuste et plus vigourenx. On doit de préférence, lorsque c'est pour manger, tuer un mâle depuis six mois à un an, que, plus tard. Des accouplemens faits à propos, et des soins que l'on prend pour que la femelle ne soit pas poursuivie par le mâle pendant sa gestation, dépendent la beauté et la réussite des portées.

CHAPITRE XI.

DES SOINS A PRENDRE POUR LES HASES ET POUR LEURS PETITS. MOYEN DE PERFECTIONNER LES RACES.

On appelle hase une femelle en état de gestation ; dans cet état elle mange beaucoup plus et agit moins ; cela doit faire concevoir pourquoi on doit lui donner plus souvent à manger et la séparer du commun général, où souvent les lapins se poursuivent et courent les uns après les autres ; quelque tems avant que la lapine mette bas, on a le soin de répandre autour de sa loge du foin menu, des plumes, de la laine, du crin et enfin quelque chose de pliant et de souple, afin qu'elle puisse faire grandement et commodément son nid. Elle est dans l'habitude de s'arracher les poils de dessous le ventre pour le composer, mais comme il lui en faudrait une trop grande quantité, elle commence par prendre le foin ou le crin quelle trouve, avec lesquels elle bâtit la première couche de son nid, ensuite elle le couvre ou le tapisse de son propre poil. On doit, lorsqu'elle à mis bas, la déranger le moins possible, lui mettre son manger à côté de sa loge, la nourrir avec des graminées ou avec des herbes fort juteuses. Les petits ne doivent être mis avec les autres qu'après six semaines et lorsqu'ils sont sortis pendant plusieurs jours de suite pour prendre leur nourriture, les jeunes lapins déjà sevrés n'ont rien à craindre de leur père et de leur mère, mais ils sont recherchés par les chats et les rats que l'on doit surveiller exactement. J'ai dit le genre de plantes qu'il faut donner aux jeunes lapins; on doit leur donner suffisamment à manger car ils mangeut beaucoup; et s'ils sont gênés dans leur appétit, ils souffrent et ne viennent pas bien; les jeunes lapins qu'on élève pour manger ou pour vendre gagnent beaucoup en qualité à être nourris avec des plantes odoriférantes, ils ont la chair juteuse et le fumet agréable;

ceux qui sont nourris avec des plantes potagères n'ont aucun de ces avantages, et les mangeurs de choux sont même d'un goût fort désagréable. Quelque bizarres que soient les résultats de l'accouplement des lapins de diverses races, on peut, cependant, parvenir à faire des métis et à améliorer les races dégénérées; je dis faire des métis, car, quoiqu'on ne reconnaisse qu'une seule espèce de lapin, il y a une si grande différence entre le poil de l'angora et celui du lapin ordinaire, et la grosseur de celui-ci est si petite en comparaison de celle du lapin d'Amérique, que l'on peut bien ce me semble employer ce mot pour caractériser les individus provenus du mélange de ces races. Depuis quarante à cinquante ans, on s'occupe avec un zèle incroyable, à perfectionner le système des croisemens; bien des expériences ont été faites; bien des livres ont été écrits sur les hybridités des races moutonnes. Tous les écrivains agronomes ont préconisé les avantages qui en proviennent, et tous sont convenus qu'ils sont d'une grande importance dans l'économie rurale; il semblerait d'après cet accord d'opinions de nos meilleurs agriculteurs, qu'il n'y aurait rien à dire sur le système des croisemens. Tel n'est pas cependant mon avis; il est vrai que mon opinion ne saurait influencer personne, je ne suis point l'homme à expériences, je ne connais rien à cet art de modifier les ouvrages de la nature pour les rendre plus parfaits et plus durables; je me contente d'admirer l'œuvre de la création sans porter sur elle une main téméraire; j'aime à soulever le voile, à voir les merveilles, à les étudier, à les raisonner, mais je m'arrête là, car il me semble que l'on doit cet acte de respect et d'humilité au grand architecte du monde; avec cette manière de voir, il n'est pas surprenant que je ne sois pas d'accord avec ceux qui pensent qu'on peut faire mieux que la nature; cependant ce n'est point d'après ce principe que je fonde mon opinion contre la méthode des croisemens, et il est bon que je m'explique; lorsque la méthode de greffer les arbres fut connue, elle fut comme celle des croisemens préconisée, par tous les écrivains agronomes et généralement adoptée par les cultivateurs; l'expérience n'était point encore venue élever des doutes sur les avantages de la greffe, et les apparences étaient pour lui : l'arbre greffé pousse rapidement, il développe un feuillage plus beau, ses branches sont plus grandes, plus élancées, plus vigoureuses et ses fruits ont toute la supériorité de l'espèce que l'on veut.

Mais on s'aperçut bientôt que l'arbre greffé abrégeait le terme ordinaire de sa durée par cet accroissement anticipé et ce développement rapide, et alors la greffe commença à avoir ses antagonistes ; et ceux-là avaient sans doute de fortes raisons pour la repousser ; car, comment supposer qu'une plante qui toujours naît avec des facultés et une force vitale proportionnées à son mode d'existence, recevrait, par l'insertion d'un autre germe, une subite métamorphose sans accidens et sans désordres, à moins que les deux espèces mariées eussent une organisation identique ; mais à cette objection on pourrait ajouter ce syllogisme : puisqu'il est prouvé qu'un être organique porte en naissant une force suffisante et relative à la période de vie qu'il doit parcourir, et à l'acroissement qu'il doit prendre, toute innovation dans sa manière d'exister doit nécessairement détruire l'harmonie vitale et entraîner le dépérissement de l'individu ; et, en effet, en me fondant sur un seul exemple, je dirai : l'arbre greffé à besoin, pour nourrir le nouveau germe qu'on lui insère, de se créer une plus grande abondance de sève; ses organes sécréteurs ont besoin d'une action plus forte et plus continue; ses racines sont forcées de chercher des ressources alimentaires en grande quantité; il y a partout excès dans le travail du système conservateur de l'individu que l'on vient de greffer, et, par conséquent, l'atonie et le dépérissement doivent s'ensuivre; on doit voir par ce que je viens de dire que je suppose les mêmes causes d'imperfectibilité dans les croisemens des races de nos animaux domestiques que dans les greffes de nos vergers. On me dira que ce n'est pas le même cas ; que les arbres que l'on greffe n'ont aucun rapport de comparaison avec les moutons que l'on accouple : on pourra dire ce qu'on voudra, dans toutes les opérations de la nature, je crois que l'analogie conduit plutôt à la vérité que l'expérience et c'est ce qui m'oblige de parler ainsi. Quant aux croisemens de nos races lapines, on sait qu'il y a une marche à suivre pour avoir des hybrides parfaits; ce sont toujours les individus les plus beaux et les plus robustes qu'il faut choisir; et pour cela, il faut qu'ils ne soient ni trop vieux ni trop jeunes, et on doit les prendre à l'époque de leur plus forte chaleur; il y a, dans le mariage des races de nos lapins domestiques, une irrégularité quant au pelage des individus qui en proviennent, dont on ne saurait trop rendre raison; le lapin angora croisé avec le lapin gris cendré feront des lapins en partie angora et en partie gris cendré sans aucun mélange des couleurs qui les distinguent l'un et l'autre; quelquefois ce mélange aura lieu sur un ou deux des individus de la portée; les lapins blancs ou noirs accouplés avec des gris cendrés, ne feront souvent que des lapins de cette dernière espèce, parfois ils en feront un ou deux de blancs ou de noirs, mais les lapins tout gris feront des lapereaux en tout semblables. Cependant les lapins de ce pelage et de races différentes, comme par exemple le cendré commun et le gros lapin de M. Lormoy, produiront par leur accouplement des races mixtes dont la taille et la grosseur seront à proportion de celles de leurs père et mère.

De ce que nous venons de dire, on doit conclure que dans le mélange des races, c'est le hasard qui imprime la couleur du pelage des hybrides qui en proviennent, qu'on ne peut s'attendre à ce que ces couleurs soient permanentes dans les générations des races mixtes, mais que les accouplemens de deux individus de races différentes donnent fort souvent des lapereaux qui tiennent de leurs père et mère, quelquefois de l'un, quelquefois de l'autre seulement, et quelquefois aussi ni de l'un ni de l'autre.

CHAPITRE XII.

MOYENS POUR AMÉLIORER LA CHAIR DU LAPIN. MANIÈRE DE TUER CES ANIMAUX COMME IL CONVIENT.

Dans le cours de cet ouvrage, j'ai dit les plantes qui étaient les plus propres à la nourriture des lapins et celles qui les rendaient plus tendres et plus suaves; cet art de donner à la chair des animaux domestiques qui nous servent de nourriture, une saveur et un fumet agréable, n'est pas nouveau. Sous l'ancienne Rome, les gastronomes l'avaient porté au dernier point de perfection, et les heureux habitans de nos monastères, dignes imitateurs des Lucullus et des Nérons, avaient, depuis long-tems, renchéri sur le talent de leurs maîtres. Je ne blâme point les raffinemens de la cuisine ni ces tranquilles fainéans qui passaient leur vie à engraisser les cailles et les chapons. Qu'importe à la société que des membres qui lui sont inutiles, s'occupent à des choses plus inutiles encore? Il vaut mieux qu'ils s'amusent à de petits riens, qu'à fomenter des discordes civiles et à diviser les peuples et les rois en jouant à l'hypocrisie et à la trahison. Mais une réflexion douloureuse se présente à mon souvenir; je vois par le passé que ce n'est que lorsque les heureux de la terre s'élèvent (je ne sais par quelle monstrueuse politique, que l'on a l'impudence d'appeler droits acquis) au-dessus de tous les droits naturels et par une force factice, attirent à eux toutes les prospérités et tous les avantages de la vie sociale, je vois, dis-je, que ce n'est que lorsque cette division légale est bien établie entre les oppresseurs qui rongent et dévorent, et les opprimés qui se laissent ronger et dévorer, que l'on voit les plus grands désordres et les bassesses les plus insignes. Je ne rappellerais pas ces époques de l'empire romain ni celles du régime féodal, où les privilégiés de la fortune sortaient de leurs somptueux banquets pour aller répandre le sang de leurs concitoyens, dans le dessein de satisfaire à leur jalousie ou à leur frivole rivalité; mais, puisque ces tems d'exécrable mémoire ne sont plus, cherchons à ce qu'ils ne reviennent plus de nouveau. Permettons à nos cuisiniers d'engraisser nos lapins et nos dindes, mais ne souffrons pas que le quart de la France se réunisse dans les cloîtres pour ne s'occuper qu'à l'ouvrage des basses-cours. Il est bien maladroit, celui qui, contre trois générations, soutient que les Jésuites sont nécessaires ; il ne sait pas combien un pareil langage parlementaire peut lui faire perdre de chapons et de lièvres. Richelieu et Mazarin se seraient bien gardés de parler ainsi; ils connaissaient trop bien les affidés de la cour de Rome pour leur supposer l'avantage d'être utiles à quelque chose, mais ils s'en servaient. Un bon ministre doit se servir des bons comme des méchans, et c'est là tout le secret de l'art. On pourra trouver extraordinaire que, du domaine de la cuisine et de celui de la nature, je saute dans celui de la politique; ce sont des lubies dans un auteur, que bien des gens ne pardonnent pas, et les amis des moines pourront me dire avec Boileau :

Et ne vous chargez point d'un détail inutile.
Tout ce qu'on dit de trop est fade et rebutant ;
L'esprit rassasié le rejette à l'instant.

Je conviens que la leçon est bonne; mais tous les littérateurs de la France ont bien écouté avec une froide indifférence, les insultantes argumentations d'un orateur, qui a dit que ceux qui marchent sur les traces des Horaces, des Boileau et des Molière sont trop bas, pour en faire ses amis, et ce n'est pas trop exiger que de demander de la part de ceux qui pensent comme lui, la même indifférence. Les lapins que l'on ne nourrit pas avec des alimens choisis sont ordinairement de mauvais goût et n'ont point cette chair tendre et molle, dont parle le poète français. Quelques jours avant de les manger, on les nourrit avec du son, de l'avoine et des plantes odoriférantes, telles que la sauge, le serpolet, le mélilot, le bois de Sainte-Lucie, etc. Leur chair reprend bientôt l'odeur de ces plantes, et contracte le fumet des lapins sauvages.

On tue les lapins en leur donnant un grand coup derrière les oreilles; cette manière n'est point approuvée; on prétend que le sang se ramasse avec abondance dans le cou et s'y fige, on conseille de leur inciser le palais comme on fait pour les dindes. Lorsqu'on a tué un lapin de clapier, on l'écorche, on le vide et on le remplit de thym ou de sauge pour lui donner une bonne odeur. Voici une recette extraite d'un bon ouvrage, qui est digne d'être rappelée.

« Lorsque le lapereau a été refait sur » le feu, on prend une pincée ou de » serpolet, ou de thym, ou de mélilot, » ou de feuille de bois de Sainte-Lucie » que l'on a fait sécher à l'ombre, puis » réduire en poudre impalpable: alors » vous grattez un morceau de lard, vous » en faites une espèce de pommade » avec laquelle vous frottez le dedans » de votre lapin; vous recouvrez la » peau, vous la piquez ou la bardez et » la mettez à la broche. En le mangeant » vous lui trouverez un excellent par» fum. »

On sait aussi que la castration offre un bon moyen pour améliorer la chair du lapin; on n'est guère dans l'habitude de faire cette opération aux lapins de clapier; cependant elle est d'une grande utilité; indépendamment qu'elle rend le lapin meilleur et plus gras, elle lui ôte les moyens de courir après les femelles; ce qui est d'un grand avantage dans un clapier ou les mâles et les femelles sont pêle-mêle; ainsi, autant pour rendre les mâles tranquilles que pour rendre leur chair meilleure, je conseille de châtrer les lapins deux mois après le sevrage, sauf ceux que l'on conserve pour l'accouplement. La castration se fait comme je l'ai dit, en ouvrant les bourses avec un couteau bien tranchant et en détachant les testicules.

—

CHAPITRE XIII.

MALADIES DES LAPINS ; MOYENS DE LES TRAITER.

Voulez-vous que vos lapins ne soient jamais malades ? donnez de l'air à leur clapier, chassez-en l'humidité, appropriez-en toutes les parties, ne les entassez pas trop, donnez-leur assez d'espace pour courir et se promener, nourrissez-les avec des herbes substantielles. Pourquoi les lapins sauvages ne sont-ils point sujets aux maladies ? c'est qu'ils n'ont rien à craindre des accidens de la domesticité ; pourquoi ces mêmes lapins prennent-ils, selon le docteur Astruc, la clavelée et la rougeole lorsqu'ils mangent dans un champ parcouru par un troupeau infecté de ces maladies ? c'est qu'ils ont eu le malheur de participer à la table des animaux domestiques. Tout ce qui tend à éloigner les animaux des habitudes sociales est pour eux un moyen infaillible d'hygiène et de prospérité physique.

On a attribué avec raison toutes les maladies des lapins à deux causes; savoir : à l'insalubrité de l'air du clapier et à une nourriture trop maigre, ou si l'on veut trop peu substantielle. Les jeunes lapins sont sujets à des ophthalmies que l'on attribue au mauvais air qu'ils respirent dans leur loge : on les guérit en les changeant d'air et en les soumettant à un régime sec.

Les lapins adultes sont sujets à avoir des indigestions, des hydropisies, des diarrhées et des maigreurs qui les tuent. Les indigestions sont occasionées par un excès de nourriture; les hydropisies se manifestent lorsque cette nourriture n'est point de bonne qualité ou qu'elle est trop aqueuse. Les choux, les laitues, les feuilles tendres de plusieurs arbres donnent l'hydropisie aux lapins; l'humidité et un air vicié, la malpropreté du clapier leur ôte l'appétit, les rend tristes et leur donne de fortes convulsions, ce qui les fait tomber dans l'étisie. Ces trois maladies exigent le même régime et le même traitement : changement réitéré de la litière, alimens secs et aromatiques, l'orge grillé, le son, les croûtes de pain, la sauge, la lavande, le thym, le grand air et le premier jour la diète ; la diarrhée se guérit avec ces mêmes moyens. Les feuilles mouillées qu'on leur donne leur font aussi beaucoup de mal et occasionent la purulence de foie : les croûtes de pain bien sèches, la recoupe données pendant quelque tems les arrachent à cette maladie. On appelle l'hydropisie des lapins, la dase ou gros ventre : c'est la maladie dont ils sont le plus ordinairement attaqués ; comme on ne reconnaît la maladie que lorsqu'elle a fait beaucoup de progrès, il est prudent de la prévenir en évitant de donner des herbes trop tendres ou trop aqueuses. Il en est de même de l'étisie : cette maladie ne peut guère se reconnaître que lorsque le lapin est couvert d'une gale qui lui ronge tout le corps ; alors il n'y a presque point de remède, qu'en suivant les avis que j'ai donnés sur la manière de tenir les clapiers propres, et garantir les lapins de cette sorte de maladie qui leur est presque toujours fatale. La diarrhée et la dase ou gros ventre ne font point mourir les lapins, lorsqu'on a la précaution de les soumettre à un régime sec et nourrissant; mais si ces maladies se renouvellent plusieurs fois, ils finissent par y succomber.

Les ophthalmies qui attaquent les tout jeunes lapereaux, sont plus dangereuses, et elles enlèvent ordinairement toutes les portées qu'elles frappent : la cause de ces maladies étant, comme nous l'avons vu, le méphitisme de la loge dans laquelle ils sont nourris, on ne peut mieux y remédier qu'en pratiquant dans cette loge des ouvertures ou de petites fentes par où l'air puisse pénétrer dans l'intérieur.

L'insalubrité de l'air, la mauvaise qualité des alimens, sont les deux causes principales des affections morbifiques qui frappent tous les êtres vivans; je dis même qu'elles sont les causes uniques des maladies des animaux : le villageois, le cultivateur, et tous ceux qui élèvent des animaux domestiques pour en faire un sujet de commerce ou pour leurs propres besoins, doivent bien se pénétrer de cette vérité, afin d'agir en conséquence. Assez souvent dans les campagnes et plus souvent encore dan les villes, les races de lapins éprouvent quelquefois des mortalités considérables, les portées ne sont pas plus tôt faites, qu'elles périssent; les épidémies attaquent aussi les sujets adultes, et souvent un clapier se trouve dépeuplé dans peu de jours : ces accidens provoquent l'indifférence et le dégoût pour l'éducation de ces animaux; mais on ne sait pas que presque toujours on est à même de les prévenir, et qu'il n'en coûte à celui qui veut avoir un clapier prospère, que le choix d'un lieu commode, et le soin de nourrir ses lapins avec des plantes substantielles et odorantes, surtout avec celles que l'on trouve dans les champs.

FIN.

TABLE
DES MATIÈRES.

FIN DE LA TABLE.

www.ingramcontent.com/pod-product-compliance
Ingram Content Group UK Ltd.
Pitfield, Milton Keynes, MK11 3LW, UK
UKHW020915180726
13838UKWH00002B/553

9 782329 372310